末 A三吉 DR | 思想家

U0450799

UNREAD

[德] 索菲·帕斯曼 著

李寒笑 译

我和她们不一样

Sophie Passmann
PICK ME GIRLS

北京联合出版公司
Beijing United Publishing Co.,Ltd.

年轻时,我以为用第一人称自白可以拯救我们。

——莉娜·邓纳姆

献给汉娜和弗里达。

目录

序 　　　　　　　　　　　　　　　I
专门给男人的序 　　　　　　　　 VIII

不特殊的青春 　　　　　　　　　001
"雌竞女孩" 　　　　　　　　　　008
身体羞耻 　　　　　　　　　　　012
少女叙事 　　　　　　　　　　　032
没有驾照的男人 　　　　　　　　053
女性主义琐事 　　　　　　　　　058
晚熟 　　　　　　　　　　　　　068
网暴 　　　　　　　　　　　　　078
前男友 　　　　　　　　　　　　088
喜剧生活 　　　　　　　　　　　099
掌控身体 　　　　　　　　　　　110
在等待中成长 　　　　　　　　　130
永远少一条裤子 　　　　　　　　138
"不作"的女人 　　　　　　　　　151
吸引力 　　　　　　　　　　　　158
写给自己 　　　　　　　　　　　170
完美的女人 　　　　　　　　　　179

序

我常常在想,真正的我究竟是什么样的。这个"真正的我",指的是如果我在年轻时没有学会那些我认为女性应该有的样子,成为我本可以成为的那个女人。实际上,我已经不知道我的性格中哪些是与生俱来的,哪些是在年少时被父母和老师教导的结果,因为在人际交往中,男性的认可是最重要的准则。我知道,我永远也不会成为我本可以成为的那个女人,她可能更柔软、更温暖、更无趣,可能会听更喧闹且更小众的音乐,可能有更少的性生活,看质量更好的色情片。她会穿低胸装,和出租车司机调情,她也无惧穿短裤去健身房。她不会花上好几天时间为遇到的每一个男人的每一个不当行为找一堆借口。她也不会在生命中的每一秒钟都痛恨自己的身体。她不会经常被问到"内心深处是否为某个人留有一席之地",好像一个人的生活还不够充实似的。她不会读赫尔曼·黑塞的作品,她会去爱她没有那么在乎的男人,而不会等待她爱得太多的男人。她会剪短发,留长指甲。这个"真正的我"没有现在的我这么成功,但是更为合理,因为她是一个只存在于理论中的女人。

同时,我也担心,在这个世界上,在当今的制度下,我不值得变成那个真正的我。我甚至相信,既然我已经接受了自己永远不会成为"她"的事实,那么我就会过上更好的生活。多年来,我一直努力过着在女性主义和道德层面上无懈可击的生活,仔细审视自己所走的每一步、所做的每一个人生决定,思考这些决定能否让我成为一个更好的女人,一个更像榜样、更像女性主义者、更不像男人的幻想或投射的女人。我已经接受了这样一个事实,即作为女人,我的生活永远都会是不断的尝试和犯错、不断的纠正和道歉。世上没有完美的女人,也没有那个"真正的我",存在的是不断变化的"中间状态"。

现在的我,如果在男人们说笑话时笑得太大声,会感到丢人,即使我知道,放肆大笑会让我显得很有松弛感。现在的我，会在第一次约会时埋单，但如果男人不阻止我，我会暗中鄙视他。我嫉妒其他女人的成功，并不是因为我不愿看到她们获得成功，而是因为我知道，公众只会容忍一定数量的成功女性。资源是有限的，所以成为成功女性其实是一种竞争，当然我们一般会反过来说：竞争才能成为成功女性，因为这听上去更女权、更美好、更温暖、更成熟。

一方面，我相信自己确实做得足够多，有足够的思考和反省，放弃和争取的也足够多。另一方面，我知道存在着这样一个理论版的我，一个真正的我。也许每一个女人都有一个这样的自己。

在我成长的流行文化中，对于那些与其他女人不一样的女人，有着几乎带有侵犯性的迷恋。这些女人是浪漫喜剧的主角，是流行歌手和超级名模。她们是一种幻想，是基于"女人本身令人厌恶、使人疲惫"这一观念的产物。但肯定也有少数例外，毕竟这个星球上有很大一部分男人想与女人发生性关系。在这样的文化中，这些女人是稀世珍宝，她们从其他"平庸低级"的女性中脱颖而出，这些女人颠覆了所有对女性的刻板印象，她们深刻且幽默，朴实无华，还独立自主，不会被任何一段感情拖累，并且总是美丽动人。这些女人是刻板印象的对立面，而这些刻板印象大多带有性别歧视的意味，并且精准描述出了普通女性身上的特质。男人们很容易认可这些女人，他们一边继续贬损大多数普通女性，一边将这些女人捧上天。

我希望，我在生命中的大部分时间里都与众不同，这是我能够摆脱痛苦的唯一办法。我的痛苦来源于我不美丽迷人，没有女人味，无法成为仅仅通过性别就能得到男性认可的那类女人。我想，如果我希望我所处的环境和我一样，那么我至少要为环境增添一些特色。我至少要成为一个风趣的女人，一个善解人意的女人，一个男人可以向她倾诉任何事情的女人，无论这些事情是多么深奥、扭曲或明显越界。然而，我从未真正有意识地决心要与其他女人完全区别开来。这个世界毫不费力地让我相信，我没有其他女人能提供的东西，我必须向这个世界提供一些不一样的东西，因为这个世界总是要求女人的存在可以换来一些东西。

当时，我没有意识到，这是多么容易做到的一件事呀！

画下本书封面吧!

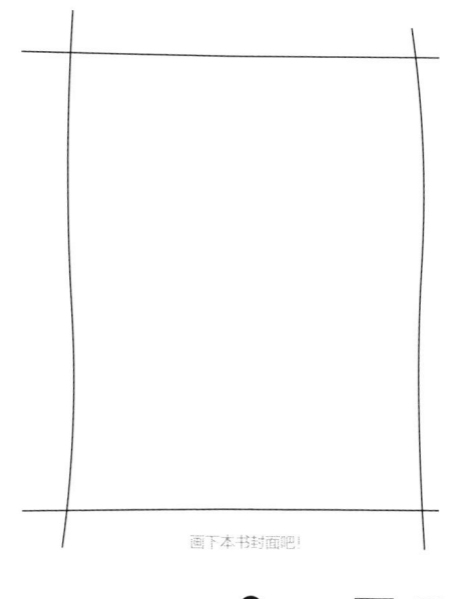

from 未読 → to 已读 99+

扫码或搜索关注小红书
@未读Unread 查看活动详情

使用说明:
沿虚线裁开本卡片,即可获得1张读书笔记小卡。
填写并收集本卡片,在小红书发笔记可兑换 未读
独家文创。卡片数量越多,文创越是重磅。

注「未读」, 未读之书, 未经之旅。一个不甘于平庸,富有探索与创新精神的综合文化品牌,为读者提供有趣、实用、涨知识的新鲜阅读。

本活动最终解释归「未读」所有

书名　　　　　　作者

我的评分　　　　阅读日期
★ ★ ★ ★ ★

最爱金句

我的书评

UNREAD

一起制作读书笔记吧！
把「未读」变成已读

我第一次听说网络上出现了"雌竞女孩"（pick me girls）这个说法，用来形容那些一直希望在别人眼中和其他女人不一样的女人，我感到非常愤怒，这种愤怒让我自己都感到吃惊。这种说法给人的感觉好像这些女人纯粹是出于对其他女性的憎恨才变成这样的，我感到非常不公平，毕竟我知道，这只是一种试图摆脱很多麻烦的尝试，至少对我来说是这样。无论如何，这是一场几十年来我们一直在输的游戏。为什么女人们要在毫无必要的情况下比拼谁最会当女人？

与此同时，我对"雌竞"和与之相关的一切都有巨大的兴趣。因为我知道，我就是这样的人，这很大程度上缓解了我的羞耻感；也因为我知道，这个词背后隐藏着比性取向、阶级、肤色或者宗教信仰更多的东西。围绕"雌竞"展开的讨论，涉及的是更为模糊的认同感问题，其中包含了你生命中的第一个男人是如何对待你的，你发育中的身体是什么样子的，或者你认为是什么样子的，以及你成为女人的环境是如何严厉地教导"你这样就行了"，还有你在青少年时期萌发的激情受到了怎样的鼓励或忽视，甚至轻视。

我的成长之路有着深深的顺性别（cisgender）白人女孩的烙印。但我之所以是个"雌竞女孩"，是因为我是一个不快乐的女孩、一个患有精神疾病的女孩、一个高智商的女孩，还是一个胖女孩。我并不是让每个人都从现在开始给自己分类，即使这样做就不会继续被自己所处文化中的权威评判。但事实上，网络上的女性主义在短短几个月内就将"雌竞"这一术语纳入了自己的词典，这表明人们希望谈论的可能不仅仅是"作为女人"的问题，还包括"成为女人"的问题。

我觉得，"雌竞"这个词在很大程度上是一种羞耻和自我厌恶，是一种总觉得自己从根本上比其他女孩更丑、更差劲、更不讨人喜欢的感觉。这本书讲述的就是我生命中这种感觉特别强烈的时刻。

我写这本书是因为我已经年近30岁，留给我的时间已经不多了——很快，年轻女孩们就不会再心甘情愿地听我讲如何做女人的话题了。很快，我就不再是个酷酷的阿姨，还是在最好的情况下；很快，我很可能就是个令人厌恶的继母。我现在写这本书，是因为我相信这本书中的某些内容可以让年轻女性的生活更加轻松。这不是一本青少年自救书，也不是一本女权战斗书，当然也绝不是一本自传。这是14岁时的我需要的书，就像我每天都在努力成为14岁时的我需要的那个女人。

专门给男人的序

在开始写这本书之前，我想写一本男人和女人都很想读的书。作为一名作家，最让我恼火的莫过于女性主要为女性写作，而男性却可以为所有人写作。我写了很多关于性别歧视的文章，这类文章的读者主要是男性。和关于种族主义或反犹太主义的文章一样，读者往往不是受害者，而恰恰是加害者，他们通过阅读这些文章，在加害的道路上越走越远。即使是那些生活在连最基本的女权暗示都会得到恼怒回应的环境中的男性，以及最清醒、最热心的男性，也很少甚至根本不读女性主义文学。我想写一本书，激起男性和女性一样的阅读欲望，不是出于道德要求，而是仅仅因为想读。

本书讲述的是女性为了更好地取悦男性而贬损自身女性特质的行为。因此，这篇序言所表达的意思与序言的作用恰恰相反：男人们，不要因为这篇序而读这本书。把序读完，然后再把书束之高阁吧。

本书特别为男人们另作了一篇序，因为我相信，我们正处于一个文化发展的"中间阶段"，在这个阶段中，虽然很多男性想做出改变，但在很多事情上，他们还是按照惯例行事。很多人可能会指责我对于男性和男性需求的看法过于悲观，但我知道哪些人会来听我的读书会，哪些人会去看女歌星的演唱会。我对男作家和女作家的作品都有强烈的兴趣——我的书架看上去就像一个有男有女的和谐大家庭。但我也知道，男人在购买女作家的书之前，往往期待看到和他们以前读过的男作家类似的作品。

我坚信，人们并非有意这么做，这是一种条件反射、一种文化烙印，与无意之中强加给我们所有人的说法有很大关系。这一说法就是：男人比女人更能自如地书写世界。事实上，所有来自美国的后现代主义文学主体，比如流行文学、博人眼球的新闻逸事、垮掉的一代，都写过"做一个男人是什么滋味"，但他们在写这些作品时，大多宣称自己写的是"做一个人是什么滋味"。

我所知道的大部分关于男人的知识都是从这些书里学到的,我也从来不会因为自己不是男人而觉得这些知识很多余。恰恰相反,我不会说自己为所有人写作,我确实只为女人写作,我将一直为女人写作,即使这意味着,几乎没有男人会读我写的东西。

如果不消费女性文化、不听她们的音乐、不读她们的书、不想知道她们的故事结局,就无法完全、真正地尊重女性。那些以"这是文化烙印""这是青春""这是怀旧"为借口,读男人的书、听男人的故事、想知道男人对世界看法的男人,显然不会因为想了解女人的想法而让她们走进自己的生活。消费女性文化意味着"容忍"女性,即使她们不具备任何功能或价值,既不是母亲,也不是妓女或处女。更进一步来说,如果她们做的是与艺术相关的事情,让人感到愤怒或烦躁,那就更需要被接纳和容忍了。

写这本书让我明白了一件事,那就是很少有事情能比一个女人以一种男人可能会喜欢的方式生活更累人、更令人挫败、更难以坚持。我特别受男人欢迎的时候,也是我最无趣的时候。只有当我不再尝试初次见面就尽可能让男人感到轻松时,我才开始遇到真正优秀的男人。我决定保持这种状态。在一个很酷的世界里,男人会读女人写的书。只有伟大的男人才会读女人写的书,对此我已经很满足了。

不特殊的青春

我的童年时光历历在目。我记得学骑自行车的那天有多么炎热，我记得我房间的墙纸是自己挑选的，背景是蓝色，上面印有可爱的、带着笑脸的小直升机，我还清楚地记得购买墙纸的那家建材店的气味——和世界上所有的建材店一样，是混合着硅胶、木材和汗水的味道。

我对青春期只留下了零星的记忆，这些记忆处于清晰和模糊的交界。我记得我的初吻，也记得第一次醉酒。但是，这两件事情发生时我的年纪、当时的感受，以及这些感受持续的时间，我怎么也想不起来。我不记得高中毕业后的那段时间我是怎么度过的，也不记得下午放学后我都做了些什么。我只依稀记得一些片段、一些重要的事情，还有一些我想尽快遗忘的挫折和危机，比如剪坏的发型和让我饱受爱情之苦的男孩。

　　我参加过戏剧社和体育俱乐部，有时还会参加派对。我记得，我和一群人聊天，发现自己没被邀请参加某个同学的生日派对，当场感到羞愧难当。我也记得，当其他人在讨论买什么礼物、谁的妈妈什么时候可以送他去派对时，我极力掩饰自己的失望。可以说，我确实有过青春期，有美好，也有失落，但它究竟是什么样的，我说不清楚。有一天，我坐在我的房间里，印有小直升机的墙纸被白色的墙壁取代，而我完全记不起来墙是什么时候重新刷的。

　　不知什么时候，我从女孩长成了女人。

　　长成女人之后，我开始为自己的外表和大嗓门感到羞耻，我不明白那些在异性面前突然要遵守的难以捉摸的准则；不明白为什么要突然扯下别人的帽子，然后尖叫着跑开，只为来一场你追我赶的调情游戏；不明白为什么一切都变得如此复杂，而其他人都习以为常。规则突然改变，却没有人想寻找原因。人们不再认为父母吸烟是件不光彩的事，反而会从他们的烟盒里偷烟。大家对成绩毫不在意，在学校的时候都像没睡好一样无精打采。我们都努力让自己看起来轻松洒脱,好像生活没有耗费我们一丝一毫的精力,并且连这种努力也想隐藏起来。

我觉得自己青春期的大多数经历是令人恐惧的,也是令人困惑的。这样的感觉应该不是人人都有,其他人似乎都能很好地把握自己的青春。于是我开始自我反省,一定是我哪里不够健全、不够聪明。我的女性朋友们的初恋并不是那么痛苦,时间也都不长。在我看来,我周围的其他女孩完全没有理由为自己的外表感到羞耻,她们头发柔顺,双腿笔直。我最终认定,原因在于自己。我身上有一些东西有着根本性的错误,让我承受了比别人更多的痛苦。其他女孩都比我强,她们容貌更好,穿搭更好,性格也更好,因此更招人喜欢。我当时可能还不到15岁,只能无奈地用"我和其他女人不一样"来解释这一切。我并不想用这句话来描述自己,直到今天,很多女性都被这句话捆绑束缚,但我觉得这已是事实。

我羡慕其他女人,在我眼里,她们从容不迫,令人钦佩。我不理解她们为自己构建的生活。她们高飞远举,似乎永远不会哭泣。我认为自己和其他女人不一样,因为这种说法比实际发生在我身上的事情更容易让人接受。我也可以宣称自己只是个"怪胎",但是这样一来,我的悲伤、我每天都要承受的耻辱,好像只是一种例外。或者说,我必须强迫自己接受这样的想法,即我周围大多数年轻女性都有和我一样的感受。

当我花20分钟毫无目的地浏览照片墙（Instagram）首页时,我常常想用生锈的钉子扎进我的脑袋,以刺激大脑皮层。人们现在经常谈论社交媒体的"算法",好像对算法十分了解——算法为我量身定制了网页内容推荐,出现在我屏幕上的都是我的兴趣所在。然而,大部分内容都像是一场梦,一场发烧时迷迷糊糊间做的梦,因为清醒的时候我绝不会主动去搜索它们。尽管如此,我还是机械地翻动着页面。

网络上的各种搞笑视频很受欢迎,我试图思考这个主题是如何发展起来的。有些视频故意有悖常理或不合逻辑;有些视频的笑点颇有争议;有些视频甚至挑战伦理,只为激怒观众,让观看者在视频下方留下愤慨的评论。对于视频创作者来说,只要有反应,就是好的反应。数量最多、浏览量最大的包括"亲情类"视频。这类视频并不是最搞笑、最机智、最有意思的，却是最能引起人们关注和分享的，因为它们试图展示的是互联网上大多数人都能感同身受的东西，比如年轻时的一段记忆、家庭中的一件逸事，或是某个人生时刻的感受。比起追激光笔而撞墙的猫，在视频中重现我们曾经亲身经历过的事情能获得更好的效果。如果没有互联网，这类"搞笑的事"根本不会出现在我们的生活中。这种类型的搞笑形式起源于资本主义晚期的凄凉，发生在这一时期的一些并不惹眼的事情变得十分有趣。全世界的人们都在寻找一代人的最大共同点，各行各业和各团体都在根据自己的喜好和特质进行分类，寻找下一个能够疯狂复制成功的视频类型。五年后，当社会学家第一次下载抖音时，他很快就会意识到，他和他的整个研究领域已经被开着补光灯做直播的青少年淘汰了。

在一些视频中，人们滑稽地模仿着父母常做的事情：母亲在周六早晨貌似不小心将吸尘器重重碰到孩子的房门，实际上却是有意想将孩子吵醒，但若问道为什么不能让十几岁的孩子多睡一会儿，她们也说不上来。父亲在女儿吃完一个葡萄柚后拖回家一整箱葡萄柚。当全世界的人都在被社交网络上和自己父母相似的行为逗乐时，一个本应私密的家庭动态就变成了难以解释的群体怪癖。

也有些视频专门面向某个专业群体，无论这个专业群体是多么小众。百老汇音乐剧演员制作的视频最能引起共鸣的人群，可能是其他百老汇音乐剧演员；来自美国沿海各州的保守派白人女性会就她们的雪地靴和唱诗班岁月开一些玩笑，我虽然能够听懂她们的玩笑，但并不觉得好笑。潜在目标群体的基本人群越小，视频就越小众，而目标人群越大，就越能证明这一点：某些经历显然能够引起大多数同代人的共鸣，无论是纽约的舞者还是缅因州的家庭主妇，无论受众是成长于美国还是欧洲。在数不清的视频中，和我同样年纪的女性寻找着这个年纪的共同点：争吵后自怨自艾地意识到自己的母亲根本不称职；在幻想用厨用剪刀剪掉身体某个部位或某层脂肪中度过的青少年时期；当网约车司机从车内后视镜中长时间注视你时，作为女性所感到的不适；多年以后在一次偶然的谈话中才猛然意识到，某次不愿回忆起的"约会"无论在法律上还是道德上都已构成强奸……很多视频被评论和分享了几十万次，我这个年纪的女性并非人人都有这些经历，但这些视频勾勒出了众多女性的人生。

这类视频开始大量涌现后，我才意识到，我的青春可能并没有什么特殊之处。

契合我年龄段的其他视频进一步证明，不仅是青春期，我的每一个年龄段都平平无奇。青少年时期的我无法想象原来很多女性都有过自我怀疑、自我厌恶和羞耻感，也与比自己年长很多的男性有过感情纠葛。我经常想，如果我能在青春迷茫的时候知道，有那么多人和我一样，我的青春会是什么样子。毕竟，虽然坚持宣称自己和别人不一样可能会被认为是自我吹嘘或自视甚高，"我和其他女人不一样"这一无处不在、如今已成为戏谑的评价，背后是孤独和寂寞。在我的一生中，我从未认为"自己和其他女人不一样"指的是比其他女人更优秀。我之所以认为自己和其他女人不一样，是因为我觉得"其他人也和我一样"的想法实在过于残酷。

我上网浏览一圈，发现自己根本就不是什么特殊之人，我的与众不同不过是自己的想象，就像成年后的蝙蝠侠猛然发现，自己的父母并没有死，他们只是在采购后找停车位去了。

我突然开始回想自己的故事。

"雌竞女孩"

当我第一次听到"雌竞女孩"这个词时,我以为它和美剧《实习医生格蕾》有关。在《实习医生格蕾》第二季中,女主角梅雷迪斯·格蕾(Meredith Grey)与她的上司德里克(Derek)有一段相当紧张的恋情,她并不知道,德里克已有家室(唉!)。在这一季中,格蕾用一段催人泪下的独白向德里克袒露心扉。德里克站在手术室里,他面临着是要格蕾还是要妻子的选择。格蕾充满爱意和渴望地看着他说:"选择我,选我吧,爱我吧。"(Pick me. Choose me. Love me.)

这句话几乎是我每次试图调情的潜台词,我给男人发过无数次同样的语音:"你还好吗?"其中超过六成的潜台词都是:"请选择我。"

2020年,"雌竞女孩"一词通过抖音变得流行起来。当时，第一批女性用户开始制作视频，讽刺那些在女性看来十分明显地寻求男性认可的女性。例如，她们声称自己的朋友大多是男性，因为女人的戏太多，玩不到一起；她们说自己对运动比对化妆更感兴趣；她们喝啤酒、吃快餐，而不像其他女性那样计算卡路里。"雌竞女孩"唯一的性格特征就是她们想和其他女性不一样，而其他女性总是被刻板地定义为：肤浅、略有神经质、端着架子、控制饮食、爱撒娇，会把正在和兄弟们聚会的男友叫出来，向他哭诉自己胖了三斤。抖音其他潮流很可能最终消失，且不会对流行文化产生重大影响，而"雌竞女孩"则成了专有名词，不再是简单的讽刺，并且进入了真正的女性主义讨论范畴。

公众眼中的"雌竞女孩"指的是那些通过贬损女性特质让自己显得与众不同，以获得男性青睐的女性。"和其他女人不一样"，通常意味着更像男人。那些试图以这样的身份赢得男人尊重的女人，会通过模仿男人来达到目的。作为"雌竞女孩"，赢得男人的尊重所要付出的代价是，在与男人的友谊开始后，永远不能侵占更多空间，或比男人努力。"雌竞女孩"和异性恋男人之间的"友谊"

是一种建立在无声协议基础上的人际关系，它无法真正深入或发展，因为有一方在一开始就要求对方不做"麻烦精"。这里的"麻烦精"指的是保持真实联系的众多先决条件之一：脆弱、感性、设定距离并保持距离。女性选择去雌竞、做"雌竞女孩"，并非因为性格软弱或毫无女权意识，就像有恋父情结的女性不应为父亲带给她们的症结而受到责备。"雌竞女孩"之所以成为"雌竞女孩"，是因为她们生活在男性的世界中，男性将自己的认可和青睐作为一种工具，让周围的女性变得易于操控，并乐于为男人服务。

从某种程度上说，梅雷迪斯·格蕾也许是影视剧中的第一个"雌竞女孩"：一个独立、聪明的女人，但是被一个性格软弱的男人（不想在情人和妻子之间做出选择，在摇摆不定中拖延时间。顺便说一句，他的妻子也是个独立、聪明的女人）逼迫，要求得到怜悯，简直就是在乞求他："选择我，选我吧，爱我吧。"

我认为，所有在父权制下长大的女性都是"雌竞女孩"：也许偶尔是，以前是，在有些事情上是，特殊情况下是，或者仅在和某一个男人在一起的时候是。女性越是以女性主义的名义轻率地指责其他女性是"雌竞女孩",就越会出现一个终极悖论:在这个几乎强迫所有女性在某些事情上成为"雌竞女孩"的世界里,指责其他女性雌竞,并且时不时强调自己不这样,恰好正是最高级别的"雌竞女孩":我和其他女人不一样,我从不会那样。

身体羞耻

我试图回忆人生中第一次感到羞耻的时刻,但我不能确定哪件事情才算第一次,恐怕我从出生起就感到羞耻了。婴儿时期的我躺在产房里,当护士要给我清理身体时,我害羞地将目光转向旁侧:"哎呀,不好意思,体液流得到处都是,但我就是这个样子啊!"开个玩笑,可能也不会这么早,但是我确实怀疑自己在很久之前就出现了羞耻感。

有时候我觉得,青春期的我花了太多时间,用厨房剪刀和手持镜子,试图剪出我认为当时网上最酷的女孩的发型。13岁时,我对博客网站汤博乐(tumblr)痴迷到了狂热的程度。它集论坛和社交网络于一体,创造了一个奇妙的平行世界,在这个世界里,那些发布了自己唯美照片的年轻人声名鹊起,而在现实世界里,他们并不会因此赚到钱或名声。女人们隐晦地讲述自己的个人生活，用姓名首字母代指朋友和家人，所有的故事都存在于她们的描述中，真假难辨。

汤博乐上有名气的女人们都十分神秘、令人捉摸不透、情感丰沛，还"贫血"。她们头发茂密，能遮住大半张脸，秋天还穿着铁锈色的灯芯绒，好像一直冷得发抖。照片上的她们靠墙而立，烦躁地望着远方或看向地面。那时候，人们还傻乎乎地相信，她们并没有在处心积虑地制造假象。那时候，人们都礼貌性地相信了这样一个事实：扛着三脚架去郊外，肩上背着的黄麻布包里装着四套服装，数码相机摆得整整齐齐，却在自拍器最终按下的那一刻羞赧地看着地面，因为根本不爱拍照。汤博乐是一个不问"什么会令人尴尬"的地方，它也许是互联网上第一个主要用户是女性和同性恋的平台，是一个安全的空间——至少大众是这么认为的，因此多年来大家都在这个平台上分享自己的生活。实际上，从广义上讲，汤博乐是一个少有网络暴力的地方，虽然从当下的角度来看，它是一个自命不凡、有些尴尬的地方，甚至是一个危险的地方。

我13岁时崇拜的那个女孩，有一头肆意生长的浓密秀发，染成暗红色，像是《哈利·波特》中的酷女巫。她的整个博客全是关于她的头发的。她偶尔会说自己在夏天也会冻得而发抖（真是又酷又神秘！），或者父母想在她生日那天带她去吃比萨让她有多恼火（无聊！）。但我和其他成千上万的人每天访问她的主页，基本上都是因为我们太爱她的头发。我想拥有她那样的头发。

这是一种我至今仍无法摆脱的条件反射：当我看到一个让我觉得特别迷人的女人时，我会找出她的一些特征，比如衣服或其他小饰品，并且试图立即去模仿。有几个晚上，我独自站在酒吧门口抽烟，尝试在Zalando*上找到一件黑色紧身上衣，和我整晚都痴迷地盯着的那位又美又酷的女士身上那件差不多。

有过这么一段时间，网络创作者无人赞助，网红们无法靠自己的名气赚到一分钱，也不推销产品，所以你可以带着一种近乎反资本主义的痴迷，深入了解她们的天性和美容方法。那时候不会像今天这样，当一个在Instagram上拥有40万粉丝的

---

* 一家总部位于德国柏林的大型网络电子商城。——译者注。如无特殊指出，以下注释均为译者注。

博主告诉你，她拥有好皮肤的秘诀是多喝水多睡觉时，你会表示深深的怀疑。总之，那位有着一头秀发的博主说，她美发的秘诀在于"层次"。年少冲动的我立即决定，在没有任何经验和专业工具的情况下，在父母的浴室里自己剪出这些层次。于是，我将连续几个星期以来既没用过护发素也没用过梳子的头发整束整束地剪了下来，再用哥哥的发胶打理一番。

当然，我的新发型看起来和网上的酷女孩一点也不像，我不得不扎了一段时间的马尾辫。但是，我对这个博主的迷恋与日俱增，因为我无法模仿她。在好几个月的时间里，我都沉浸在她的世界中，我知道了她最好的朋友和父亲的名字缩写，她不叫她的父亲"爸爸"，而是直呼其名。后来，我知道了她想学什么专业，知道了她的初恋是什么时候结束的，知道了她最喜欢的乐队，也知道了她为什么能背诵电影《朱诺》(*Juno*)里的台词。又过了几个月，我才意识到，这个女孩的头发不一定特别多，她之所以看起来头发茂密，是因为她身材特别瘦小。

也许人在13岁时特别容易受到潜在危险事物的

影响，因为你想让自己像个大人，但思维仍是个孩子。因此，带着不成熟的天真，一不小心就闯入了互联网最黑暗的角落，你假装什么都懂，其实什么都不懂。

无论如何，很长时间以来，我一直都没有意识到，这个可怜的女孩显然患有厌食症。她对父母计划里的比萨派对带有一种不满和厌恶，与父母、派对本身和青春期无关，而是来源于她对卡路里的恐惧。她不断提到自己即使在夏天也会冻得发抖，并不是身体的新陈代谢有什么问题，而是她努力营造和展示自己的手段，是她瘦弱的证明。同样，她努力让自己变瘦，是为了让微卷的头发看上去多到能把她的身体淹没。事实上，她所有的博客都是关于"淹没"和"消失"这两个词的。而当时13岁的我毫无防备地陷入了一个女性因为变得越来越瘦小而备受赞美的环境中。这一点并不是我立刻就能认识到的。

一开始，我只是感觉有些不对劲，几周后，才逐渐意识到这个很酷的女人其实病了。就像人们在初恋中经历的阶段一样，从一开始考虑在这段感情中是否快乐，到几周或几个月后，早已习惯了那些最初让你感到恐惧的想法。情绪是慢慢升级的。因此，当我第一次有意识地阅读这位美发女孩照片下的评论时，当我意识到那些转发她的穿搭照片的博客都叫什么名字时，我可能有点愕然，因为那都是一些充满了自我憎恨的名字，博客的标题中就已经包含了对自己和自己身体的侮辱。

  我很快就明白了这些带有侮辱性质的名字，因为我的一生都被困在一个相当肥胖的身躯内，这些侮辱性的词语是我在读过的每所学校的操场和体育课上，从至少一个男孩口中听到过的。要么是从我身边走过时丢下一句话，声音不大不小；要么是在体育馆或教室里大声喊出的辱骂，声音充斥整个空间。这些博客像是在对我说话。我缓缓沉入这个汤博乐为我敞开的世界里，有时回想起来，我甚至觉得，虽然我在这个世界里自娱自乐，但也有一种庄重和谨慎，因为它与我在现实生活中的用力思考、用力说话和用力生活都毫无关系。

  在愚蠢、自负和缺乏监管的多重作用下，我可能成了德国唯一一个因为汤博乐而患上进食障碍的女人。在我20多岁时，我生命中的一大半时间都用在了思考这个问题上。但我认为这是个无关紧要的小问题，因为它根本无法被复制到其他人身上。之所以发生在我身上，只是因为我是个倒霉的女孩。这也说得通，因为我已经决定接受这样的说法：和其他女人相比，我有一些不一样。

20多岁时的一个寻常季节里的一个寻常工作日，我发现Instagram上弹出了一条视频。视频中，一个与我年龄相仿的女人开了一个无关紧要的玩笑，她说她的身体原本和碳水化合物相处得很融洽，直到她注册了汤博乐，看到了许多头发茂盛、身材瘦小的女人，随即罹患进食障碍。我盯着屏幕，真的感觉自己就像蝙蝠侠一样，而他的父母提着购物袋走进公寓，抱歉地说比平时花了更多时间。那一刻，我终于意识到，作为一名女性，我年轻时经历的一切都值得讨论。

我出生时很胖，穿不下医院准备的婴儿连体衣，我父亲不得不在当天回家去拿我哥哥姐姐的衣服。我从小就知道这件"逸事"，多年来，每当亲朋好友说起这件事的时候，我一直坐在一旁。我的潜意识里确信，如果我不在场，就没人会提这件事。我的在场和我那胖嘟嘟的身材就是这件事被说起的诱因，是大人们哈哈大笑的根本原因。他们的笑声像是对我的附加评论:"不,不,那件衣服她现在还能穿呢。"在不同的讲述场合、不同的讲述者口中,这个故事也略有不同。但相同的是,每当有人讲起这个故事,我都静坐一旁,表情木然,仿佛置身事外,只是尴尬地揉着自己的手指关节或盯着自己的膝盖,并时不时地抬起头看看大人们的反应。

当人们毫无顾忌地谈论一个孩子,好像这个孩子并不在场时,他必须学会将自己抽离,就像神游梦境之中。故事听得越多,我就越能捕捉到,哪些细节会引起什么样的反应,哪些描述会引人发笑,哪些话毫无必要,只会把故事变得冗长。不过,最重要的是,我意识到自己可以控制听众笑的程度。当我在适当的地方咧嘴大笑时,我的脸就会变得更圆、更胖,于是喝醉酒的大人们自然会觉得这很滑稽。我无法控制别人如何谈论我,但至少我可以决定这谈论是否有趣。我强迫自己抑制住羞愧低头看地板的欲望,转而加入到拿我取乐的人群中去。一方面,我想把这一刻称为"结束的开始",因为我学会了讨好嘲笑我的人,并把自己的需求放在一边;另一方面,我至今仍不知道,那些从出生起就会竭尽所能让别人觉得他们很有趣、喜欢将自己置于镁光灯下——或者更甚——置于互联网上的人,他们的崩溃应归咎于谁。我不知道这是不是与生俱来的,我只知道,我从未想过,自身的幸福是否比我能逗笑他人更为重要。我开始学习如何逗乐他人,有点像变魔术,我喜欢搞笑,我身体里的某些东西似乎也在疯狂地搞笑。

11岁时,我第一次开始节食。每周四我都会称体重,将数值填入一张表格,表格用透明文件袋装好,放在离体重秤触手可及的地方,好像体重的减轻没有被立刻记录下来就会马上反弹似的。我遵循的节食计划不是为小女孩,而是为家庭主妇设计的。当时的我并不知道这一点,我只是好奇,为什么我吃的东西突然变得如此奇怪,为什么节食意味着我要吃一些我本来绝对不想吃的食物,甚至不认识的食物。比如全麦面包配布里干酪、梨片和煮熟的鸡蛋,将蛋黄和奶油、奶酪混合,然后塞回蛋白里。当时11岁的我还不知道"魔鬼蛋"这种东西,幸好我也不知道我吃的其实就是简单版的魔鬼蛋。我11岁时吃得就像女性杂志希望成年女性吃的那样(差)。我的体重一周一周减轻,我越来越能理解我出生时那件逸事作为谈资的价值。我的身体一直保持着与我的年龄不相符的高大壮硕，而现在，11年后，这个缺陷终于可以被根除。

令人惊讶的是，这样节食了4年之后，我才患上进食障碍。如今，每当我试图回忆那段时间我对自己的身体做了什么时，青春期已经模糊成了一团笼统的记忆：我穿着大号T恤，学校高年级学生的嘲弄声不绝于耳。有时，作为一个成年人，我希望能站在年少的自己身边，告诉她当时的真实情况。在我11岁的时候，学校里几个18岁的人因为我的T恤打了我。我不知道自己的身体什么时候舒服，什么时候不舒服，我突然想起祖母在海滩上给我拍的一张照片，照片上的我身躯庞大，毫无吸引力。多年后我才明白，在我们度假结束后，祖母把照片装在信封里寄给我，这是为了警示我，让我觉醒。

不知什么时候，我意识到，那个满头秀发的厌食症女孩应该是我这样的女人的"入门毒品"，她吸引我进入公众希望我进入的世界，还附加消除了我的恐惧。所有这些患有进食障碍的女性都认为，在患进食障碍之前，她们的身体和生活方式都是失败的、悲惨的，而进食障碍让她们找到了一生都在苦苦寻找的"好闺密"，她们用精心设计的金字塔骗局"帮助"其他女孩成为进食障碍患者。这一切发生的时候，我们这一代人的父母还在害怕网络骗子和信用卡诈骗犯，而他们的孩子们却在博客上建立起了针对个人精神障碍的亚文化，并且这些亚文化像流行乐队一样受到追捧。

我从未遇到过信用卡诈骗犯。

相反，放学后的我总是浏览那些瘦女孩发布的照片，盯着她们两条细腿之间的大缝隙，看她们写着自己的身体胖得令人作呕，还有前一天晚上原本计划只吃一片脆面包，却吃了两片，这让她们感到多么羞愧。这些博客是记录愤怒的日志，它们把一切无关身体和外表的事情都当成了人生的配角：

我父亲昨天去医院了／两周后我们要去意大利——一个碳水化合物过量的地方！／我最好的朋友过生日了……

每条日志的末尾都会神经质般地列出当天的所有饮食，如果一天摄入的热量在1100至1300千卡，会被认为是糟糕的，而摄入的热量必须低于1000千卡才能算是成功的一天。

女孩们在这些博客中所写的内容是压垮我、让我走上第一次节食之路的最后一根稻草。我终于学会了自律和自控。当时的我吃那些奇怪的食物，并不是因为我喜欢吃，而是为了让我的身体看起来不像现在这样。我成了那些博客女孩中的一员。除了周四，我每天早晚都各称一次体重。我学会了如何计算卡路里，知道了低脂牛奶和脂肪含量3.5%的牛奶之间有着惊人的差别，尤其是如果你每天都喝咖啡的话。我还知道，既然有黑咖啡这个选项，那么喝加奶的咖啡就是严重的疏忽，因为摄入了多余的热量。一杯加奶的咖啡相当于一顿饭。我在羞愧地接受这一信息的同时，也感到有点暗爽，因为突然间，我不再觉得儿时的节食计划有多愚蠢，而是觉得自己错失了千载难逢的机会。

进食障碍让人变得无趣，遗憾的是，通过杂志的封面情感报道并不能看出这一点。瘦女孩总是有一种神秘感，也许是因为作为公众的一分子，我们喜欢看那些弱不禁风、面色苍白、过得不如意的女孩。我们喜欢看她们在电视上咀嚼果酱土司，脸上露出绝望的表情，这个表情说明她们考虑的是卡路里，而不是被饥饿控制。记者们最爱拍摄进食障碍者吃东西的画面，虽然他们极少进食。即便如此，进食障碍者大多数时候都在思考和吃有关的问题，思考自己的身体看起来是什么样的，以及当自己的身体终于看起来像自己希望的样子时，有哪些想做的事。在每一个醒着的时刻都认为自己正在经历的每一件事都是无效的体验，因为还没有拥有值得这种体验的身体，这也属于进食障碍的一部分。

进食障碍让女孩们感到疲惫不堪、精神空虚。它会让你丧失对一切的兴趣，因为你会认为自己还不配对这个世界有任何期待。在电影中，患有饮食失调的儿童通常被描绘成性格孤僻、独来独往的形象，好像在追寻某种其他人永远无法理解的伟大意义。我发现，进食障碍者总是认为自己的身体对于这个世界而言是一种不合理的存在，这导致他们近乎绝望地试图从根本上与世界对抗。他们认为自己的外表可以存在，就已经是世界的宽容，因此必须加以平衡。我一点也不神秘、不内向，我一直在努力向周围的人证明，我还是很讨人喜欢的，他们只需要再耐心等待几个月，等到我最终瘦下来，但在那之前，他们只能忍受我的性格。当然，我也会暗自怀疑，可能根本不存在一个可以预见的终点——

瘦到某个数值就可以真正地生活；我怀疑自己是一个累赘的状态会持续下去。我想尽可能让周围的人感到舒适，幸运的是，我懂得幽默，我从小就知道，我的身体很滑稽。我并没有为自己的身体感到尴尬，而是感到羞耻，只是当时，我还不知道这两者的区别。

15岁那年，我第一次上台讲了一个关于身体的笑话。我已经不记得具体是怎么说的，只记得我的听众白天忙于教师培训，所以认为晚上可以看看脱口秀轻松一下。我还记得我讲完之后的笑声，那是一种被逗乐的开怀大笑，这笑声不是一点一点汇集成的，而是突然爆发的，经久不衰，让台上的我都没法继续说话。这种笑声让人毫不怀疑，在场的每一个人都听懂了这个笑话。这种集体行为产生的原因可能有两种：惊喜或如释重负。在出现一些计划之外的事情时，听众才会因为惊喜而发笑：比如表演者对听众突然插话的临场抖包袱，或者一个设计巧妙的笑话里有令人意想不到的转折。如果并未出现计划之外的事情，听众多半是如释重负的笑。当我站在舞台上，拿自己的身体开玩笑时，大家都如释重负地大笑起来。我减轻了他们的负罪感，让他们觉得，是我"强迫"他们来嘲笑我的身体。这种感觉很多年前我就体会到了，第一次注意到它是在我开始不吃正餐的时候，这也叫"重构正餐"。把它们称为"正餐"是一种讽刺（我曾经吃了一整盘意大利肉酱面，只不过把意面换成了胡萝卜）。周围的人看着我的身体，都为我吃下低热量食物而高兴，虽然我吃的时候很不高兴。当我站在舞台上，开始讲那些他们本来只敢偷想的笑话时，我再次体会到了这种如释重负。突然间，我觉得我的身体一直在为我出色完成这个笑话做准备。如果你想成为一个有趣的人，你必须尽可能了解人们想要什么，然后给他们。就我而言，人们显然想要证明我知道自己看起来有多不正常。

17岁那年，我曾在德国某市的一家剧院演出过。演员们扮演死去的文学家，与活着的文学家进行辩论，非常有趣。那天晚上，我的辩论对手是约阿希姆·林格纳茨（Joachim Ringelnatz），他的扮演者非常高大帅气，果敢自信，让人第一眼就喜欢上他。他在我后面登场，我坐在观众席第一排看他的表演，他有点夸张地看了看我，然后望着人群说："我的下一首诗名字是《超重》。"我感到自己的脸涨得通红,于是只能扭曲我的面部,希望从远处看上去像是被逗笑了一样。演出结束后,我没有和其他人一起离开舞台,而是走到大厅问检票员,我们刚刚演出的大剧院有多少座位。那天晚上,823个成年人一起嘲笑了一个十几岁的少女。

对于我的身体,有一种非常特殊的、让我害怕的沉默。这种沉默帮助了它们的主人,因为他们把自己想象成那种不会注意到我身体的人,因为他们知道,对于自己不喜欢的身体,什么时候可以谈论,什么时候不能谈论。这种沉默迟早会被打破,通常在你开始相信它散发出的虚假的友好之后。七年级的时候(那时我已经熬过了最艰难的被霸凌时期,进入了一个喜欢我或至少能容忍我的班级),爱用旧式德语谚语的音乐老师说我上一节课缺席是"一件让人难以置信的事"[*]。除了他和我,教室里的每个人都开始歇斯底里地大笑。他没有笑,因为他不明白这到底是怎么回事。我没有笑,因为我意识到,我不能相信关于我身体的沉默,没人说不代表没人注意到。

---

[*] 德语谚语"ein dicker Hund sein",字面意思为"一条肥狗"。

如今，当时尚摄影师在拍摄过程中一边仔细观察我，一边思考如何让我摆出更能掩盖缺点的姿势时，他们都会保持"沉默"。造型师也会对我保持沉默，他们会向我展示，半个挂衣杆上都是德赖斯·范诺顿（Dries Van Noten）的衣服，往往是些不适合我的宽松长裙，好像一看到我就觉得我只会穿德赖斯·范诺顿。我不用去问，为什么这些衣服会挂在这里，我知道它们有一项过于困难的任务，即与我的身体产生创造性的关联，并且在受到质疑的时候，把我的身体藏起来。当我事先向他们解释我不适合穿哪些品牌的衣服，以及哪种尺码的牛仔裤可能合适时，他们沉默不语；当他们想将我塞进Zara的时髦裤子时，他们沉默不语；当他们拿出衣服给我看，而我看了一眼后告诉他们这些不适合我时，他们仍然沉默不语。他们的沉默是一种侮辱，好像我自以为比他们更擅长他们的工作。事实上，我确实比他们更擅长他们的工作。如果他们的工作就是给我穿衣服，那他们做得实在太糟糕了。我向他们解释，我的身体是跟随我一辈子的，我一眼就能看出什么适合我，因为我一辈子都在适应我的身体，这与兴趣无关——他们继续沉默不语。

沉默不是零和博弈，一方保持沉默，并不意味着另一方一定会说话。而权利是一种零和博弈，羞耻和权利又是紧密相连的，尤其是在涉及身体的时候。

如果我不赋予自己关于身体的解释权，别人就会将这权利夺走。如果你感到羞耻，你就不会有赋予自己权利的想法；如果你感到羞耻，你就不相信自己受到了委屈，你只会忍受，然后想：哦，好吧，这是合理的。

如果我对自己的身体保持沉默，导致的结果将是，别人占据了本该属于我的空间。我一直极力隐藏自己十分显眼的身体。我觉得，如果别人当着我的面猜测我的身体到底应该是什么样子，是我的失败。我已经接受了男人们像谈论屋子里唯一的异常物体一样谈论我的身体，因为他们不喜欢。最重要的是，他们在我的纵容下知道了，我的身体是可以被谈论的，以及在我的身体被谈论时我是不会反抗的。我表现得很放松，因为我想让自己变得坚不可摧。

这是一种通过经年累月的努力习得的沉默，是复制、模仿来的沉默。人们将周围的尴尬视为寻常，并在日后的生活中运用这种尴尬。大家这么做是无意识的，不会去想这种沉默可能带来的后果。作为孩子，也意识不到问题，因为如果对方沉默不语，意味着自己说的话没有受到质疑。因此，我放弃了对自己的责任，放弃了对自己的感受、一些别人如何谈论我以及何时谈论我的主权，只因为我决定尽可能长时间地不谈论我的身体。即使别人将我的身体作为话题，我也会一笑置之，不为自己辩护。别人想说什么就说什么，我只是配合作出反应。从一个11岁的孩子决定下午吃全麦面包配布里干酪和梨开始，一直都是这样。

羞耻感仿佛是一种因为你某个地方出了问题而受到的惩罚，是一种仅和自己有关的感觉，因为它不断告诉你，你有些不对劲。如果你知道每个人都为同样的事情感到羞耻，那这种羞耻就毫无意义了。这就是为什么羞耻感总是先导致沉默，然后是忍耐。那些感到羞耻的人，无论受到多么恶劣的对待，都会保持沉默，因为他们认定自己有问题，这是他们应得的惩罚。反抗者则会吸引更多的关注。我很少在网上遇到进食障碍者，我犯了一个错误，以为自己应该找到几个和我一样有哪里不对的人，而实际上，只要我环顾我所在的年级，就能发现，每个对我大声辱骂的男生背后，都有半打女生庆幸被骂的人不是自己。我并没有什么特别的问题，但是作为一个孩子，我无从知晓，也别无选择，只能相信眼前这个世界。

记忆力不好的坏处是，你甚至会对自己记得的事情产生根本性的怀疑。我不确定我现在写下的东西有多少是真的，也许我是最后一个还能对发生在我身上的事情保持客观态度的人。我的记忆是脆弱的，是机会主义的。我总觉得别人在关注我的身体，因为我就是这样，哪怕和过去相比已经有了很大改观。我害怕别人对我身体的看法和我以前一样。我害怕沉默，我害怕议论，我害怕去想，如果我的生活中有更多可供打发的无聊时光，我会花费精力去做什么。

顺便说一句，低脂牛奶和脂肪含量3.5%的牛奶之间的差别是17卡路里。

少女叙事

在我的青春时代,我一直在努力避免被男孩们扔进泳池。整个夏天,我的女性朋友们都穿着泳装,在泳池里与他人肌肤相触,我根本无法理解。我坐在树荫下,抱着毯子、手机和零食,极力装出无动于衷的样子。我看书时张开双臂,脸上带着梦幻般的表情,这是想被别人看见的时候才会有的样子——我曾经也是"这种女人"中的一个。

实际上,坐在树荫下和站在泳池边都一样傻。作为一个异性恋女孩,可能很少有不傻的成长方式。这可能是给自己洗脑的开始,让你相信,自己在生命中的某个时刻"确实是这种女人中的一个"。这种女人会让其他女人偷偷翻白眼,会在派对上追着一个刚刚与别人发生冲突的男人跑出去,同时神秘地对其他人说:"我去和他谈谈。"仿佛她懂得一种秘密语言,仿佛她是个男性通灵者,无论男人有多愤怒,她都能让他平复,让他重新融入社会,只是时间问题。这种女人年轻时只和男孩做朋友(顺便说一句,只和男孩做朋友的男孩更加令人无语)。曾经,我们都是这种女人。

我花了整整四个月的时间,假装自己非常喜欢Blink-182乐队。那是在我刚刚结束喜欢滑板的阶段之后,而在喜欢滑板的阶段,我也只是坐在滑板广场边,看着男孩们做一些我做不来的动作。我甚至还加入了滑板论坛,在那里,我不仅尝到了被成年男人欺负的滋味,也认识了一个连续几个月都对我态度恶劣的男孩,可我深陷其中,把他视为我的初恋。

老实说,我今天并不觉得这有什么不好意思的,我只是有点同情自己。事实上,我同情所有为了讨好男人而不择手段的女人。这是浪费时间,而且很没意思。我幻想中的自己站在滑板上,或者坐在露天泳池边的树荫下,可能就是"成长电影"(Coming-of-Age-Film)在我脑中留下的印记。我想成为一个永远无法完全沉溺于世俗快乐的、深邃如渊的女孩,她被一个同样深邃如渊的大男孩注视着，看着她深沉地将双臂抱在身前，不食人间烟火。

第一部让我打上"最爱"标签的电影是《贱女孩》(*Mean Girls*)，邻居有这部电影的DVD，我们经常疯了似的连看上好几遍。我们能背出台词，并在歇斯底里的笑声中告诉对方我们最喜欢的桥段，无可救药地爱上了电影中那些帅气的男孩。在这类电影中，帅哥的数量总是绝对的，一般只有一个，如果有两个帅哥，那么其中一个最晚在影片进行到三分之二后就变成了坏人。必须如此，因为任何一种复杂的情感都有损青春片的氛围。而且，对女主角最大的奖赏就是得到帅哥的认可和喜爱。帅哥越多，这个奖赏的价值就越低，因为帅哥"通货膨胀"了。这种经历谁不熟悉呢？

我们试图模仿女主角扮演者琳赛·洛翰（Lindsay Lohan）的穿搭。《贱女孩》讲述的是凯蒂的故事。凯蒂的父母都是动物学家，此前一直在非洲工作。因此这是凯蒂生平第一次进入一所普通的美国高中学习，她无法适应这里的生活，也无法适应啦啦队队长和运动员文化——她对美国的流行文化一无所知，对时尚和美妆也一无所知。她和刻薄的瑞吉娜成了朋友，有一段时间自己也变得刻薄。最后，她和其他人一样，实现了自我教育。我前面说过，我对这部电影极度痴迷。我想，所有与我同龄的女性都对这部电影情有独钟，如果不是这部电影，那一定是千禧年代其他的女性电影，比如：

- ❖《公主日记》(*The Princess Diaries*)，书呆子兼假小子安妮·海瑟薇（Anne Hathaway）得知自己是一个袖珍国家的公主，必须学习公主的行为举止。
- ❖《穿普拉达的女王》(*The Devil Wears Prada*)，书呆子兼假小子安妮·海瑟薇在著名的时尚杂志找到了一份工作，为了这份工作，她必须学习时尚达人的行为举止。
- ❖《特工佳丽》(*Miss Congeniality*)，书呆子兼假小子桑德拉·布洛克（Sandra Bullock）作为秘密特工潜入选美比赛，必须学习选美皇后的行为举止。
- ❖《女生向前翻》(*Stick It*)，书呆子兼假小子蜜西·帕瑞格兰（Missy Peregrym）被送到一所寄宿学校学习体操。

总而言之,我们不得不承认,千禧年代初期大行其道的青春片的情节相似度非常高。女人们只有在不同寻常、和其他女人不一样的时候,才被视为一路升级的主角之路的开始。她们会发觉自己不喜欢其他女人,因为其他女人肤浅/空洞/背地里捅刀子/心机深重,然后她们会意识到,其他女人并不像自己一开始害怕的那样肤浅/空洞/背地里捅刀子/心机深重,最后她们会在人物性格发展到顶点的时候成为其他女人。我认为,千禧年代小妞电影的目的就是让女性变得平庸而快乐。

可能有人会说,千禧年代也是女子乐队和少女文化的鼎盛时期,穿着甜美服饰的甜美女孩可谓人见人爱。今天看来,《贱女孩》和《穿普拉达的女王》等电影中对少女形象的诠释可能有些过时,我们很少对过时的东西给予肯定,但它们在某些时候的确是合乎潮流的。"女孩子气"被视为神经质、"麻烦精"。可以肯定,这种看法与当时若隐若现的性别歧视有绝对的关系,正如亚文化"伪娘"能够建立起来一样,也正如所有美国电影制片人都认可的那样:任何一种主流青少年文化都可以用坏女孩

（女孩子气！）和好女孩（不女孩子气！）来概括。

另外，不得不说，在我学会长时间看电视的那个年代，青少年电影之恶俗、空洞、性别歧视、毫无教育意义，比其他任何一个时代更甚。做个对比：最近10年间最有影响力的青少年电影可能是《高才生》(Booksmart)、《壁花少年》(The Perks of Being a Wallflower)、《斯科特·皮尔格林》(Scott Pilgrim)和《星运里的错》(The Fault in our Stars)——请不要再问为什么Z世代[*]情绪稳定、政治正确了。在千禧年代，流行文化以一种极端的方式盛行，如果一位在杜塞尔多夫郊区拥有房产投资组合的老先生称千禧一代为"雪花一代"，用来侮辱一整代人，雪花们只需心领神会地点点头说：我们不得不看着充斥着超短裤、欧陆舞曲和性别歧视的青春片长大。对此不敏感的人根本不了解这个世界。

让人惊讶的是，《公主日记》、《灰姑娘的故事》(A Cinderella Story)、《贱女孩》和《女生

---

[*] Z世代（Generation Z）指的是出生于1995至2009年之间的人群，这一代人成长于互联网、即时通信、短信、MP3、智能手机和平板电脑等科技产品蓬勃发展的时代，他们的生活方式、社交习惯和思维模式深受这些技术的影响。——编者注

向前翻》等电影的编剧都是女性。显而易见，电影业试图开发情感易受影响、即将拥有购买力的新生代年轻女孩作为其受众。但是，就代表性和多样性而言，这在千禧年代初期仍是非比寻常的。不难想象，之所以会出现扁平的性别角色、与其他女孩不一样的女孩形象、对女孩喜欢的东西不感兴趣的酷女孩（虽然电影中并不明说，但令她们感兴趣的东西，所谓酷的东西，其实就是男孩喜欢的东西）、作为酷女孩标志的鼻环和BMX自行车，是因为要让剧本适应愚蠢、缺乏创新的垃圾文化，就必须做出如此修改。雨后春笋般涌现的小妞电影都想为这个世界做正确的事，即讲述关于友谊和爱情的故事，而它们无意中也讲述了关于雌竞和"雌竞女孩"的故事。能够注意到所有这些电影的编剧（有一些同时也是电影的制片人）都是女性，是形成以下观点的第一个重要的里程碑：只要这些女编剧想要创造的流行文化不是为女性群体服务的，而是为那些希望被男性看见自己是如何消费流行文化的女性服务的，那么她们也是问题的一部分。现在来看，为这些电影撰写剧本的女性可能早就不拍这类电影了。老实说，这也许是适用于大多数女性流行文化创造者的基本规则：几乎所有时髦的东西都会在某个时刻过时，而大多数能够创造出时髦作品的人都会对时代精神有敏锐的嗅觉，如果他们在某一个时刻创造出的作品已然过时，他们会是最先意识到的那批人。

所有这些电影本身都是无害的。当然，这些电影也告诉我和许多其他女孩，化妆比玩滑板更愚蠢，女性往往不擅长数学，尽可能少地表现出女性特质的女孩才能成为生活的主角。但这些都是青少年电影。如果说人类的心灵往往能够摆脱最严重的创伤，那么年青一代的女性也将能够摆脱《贱女孩》中凯蒂为了讨好暗恋对象而假装数学不好的情节（顺便提一句，这也是凯蒂含泪向暗恋对象表白，而暗恋对象勃然大怒的故事线中的一环）。

用今天的社会标准来解读一部20年前的娱乐片简直轻而易举，并且可以得出结论：这是一部20年前的电影。在《穿普拉达的女王》中，一位年轻女性在纽约残酷的时尚产业中迷失了自己，以致忽略了她的朋友，甚至她的伴侣，直到他提出分手。今天的人们会说，这部电影塑造了一个爱发牢骚的男朋友形象，他无法忍受自己20多岁的女朋友正朝着与他的生活渐行渐远的方向发展。他觉得女朋友现在比以前打扮得更漂亮了，但同时又以一种贬损的方式嘲笑她的生活方式。

不过我们也可以欣慰地认识到，成功的青春电影对女孩的影响是普遍的，其中包含的经验教训至今仍能影响年轻女性的生活。这些电影激发了人们的欲望，易受影响的年轻女性自然希望自己能成为这些电影中的女主角。而这些女主角之所以独特，最主要的原因是：她们和其他女人不一样。

随后，《都市女孩》(Girls)横空出世。莉娜·邓纳姆（Lena Dunham）试图通过该剧为纽约女性建立一种新的叙事方式。因为在欧洲的流行文化中，整个美国就像纽约，而纽约就像整个世界，甚至更广。而真正的都市传说是邓纳姆推销这部剧的方式：通过解释为什么她和朋友们无法与《欲望都市》(Sex and the City)中的女性产生共鸣，为什么她们的生活与《欲望都市》毫无关系，为什么她熟知的女性生活更值得呈现。《都市女孩》试图展现真实的女性：住着真实的公寓、处在真实的危险关系中、走着真实的人生之路，这些都足够令人信服，可以用六季的篇幅来讲述。并非每个与我同龄的女性都看完了《都市女孩》，但是很多人都对它有自己的看法。一开始，我连续看了好几天，我被邓纳姆在剧中经常裸露的不完美身材迷住了。老实说，如果莉娜·邓纳姆是一个标准的窈窕美女，那么这部混乱的、有时甚至烧脑的电视剧是否会大获成功，还得打个问号。让我着迷的是，作为主角的她在生活中同样缺乏方向感。

《都市女孩》看得越多，我就越不知道真正的女性应该是什么样的，这部剧逐渐迷失在了人际关系的虚无中。我喜欢看这些女性，但对我来说，她们就像《蝙蝠侠》或《黑客帝国》一样与现实毫无关系。而此类电视剧一直宣称的是，它们想要描绘当代的女性形象，想要讲述的是她们的真实生活，以及直接取材于当代女性生活的现实问题。几十年来，流行文化中的女性充其量只是情节的附属品，是美丽的情人或严厉的妻子，是剧本里的第二或第三号角色，在真正的故事，即男人们的故事，讲完之后才被塑造出来。反对这种现状的运动试图认真对待女性，而不是把她们塑造成妓女、母亲或护士形象，即总是与男人有某种联系、可以为男人履行某种职能的角色。它们希望展现女性的阴暗面，尤其是年轻女性的阴暗面，那些扭曲和不快乐的一面，那些不追求伟大爱情、只追求苟全性命于都市中的一面。

我不知道这些女人应该住在哪里，我也不认识她们。我甚至又开始向往《欲望都市》中那些夸张的、明显不切实际的女人故事。她们住着高级公寓，穿着漫画般又大又高的高跟鞋，漫不经心地谈论着阴茎的形状和双性恋的真实性问题，却没有展现出女性复杂的现实生活，似乎是出于害怕而有意为之，于是只小心翼翼地在吃早午餐时加入了一些童年创伤的话题。我向往成为这些女性，因为和那些被描绘成内心破碎而外表孤独、沉迷性爱又不修边幅、厌恶世界却追求个人幸福的女性相比，她们与我现实生活的联系更为紧密。只要大众允许，女人其实大多都无比正常。

这些叙述中的女性都很"酷"，但是这种酷是扭曲的，甚至是阴暗的；这种酷，这种主观臆想出的对世界的平和态度，只存在于这些女性有更大、更重要的问题的前提下，比如她们有严重的心理问题，失去了最好的朋友或孩子，年轻时受到性骚扰甚至虐待。这是一种虚假的酷，她们只能如此，因为她们的生活发生在一个她们声称毫不在乎的世界之外。

《伦敦生活》(*Fleabag*)的女主角用她自以为的冷漠惩罚周围的人,整部剧主角之路的起点和终点都是女主角表现出了类似情感的东西,因为她遇到了一个真正打动她的男人,同时她的姐姐也遇到了一个真正打动她的男人。在《伦敦生活》中,主演菲比·沃勒-布里奇(Phoebe Waller-Bridge)扭转了一个将几十年来男性成长电影(和电视剧)带入荒诞歧途的概念:某一时刻,男主角遇到了一位如此与众不同、卓尔不群、和其他女人不一样的女人,这让他情不自禁地放下了伪装的冷漠。在《伦敦生活》中,女性是强硬、劈腿甚至阴险卑鄙的角色,而除了让女主角和她的姐姐陷入情感纠葛的两位完美男士外,其他男性都是附属的搞笑角色或着墨甚少的边缘角色。《伦敦生活》以描绘女人的方式描绘男人,其结果既感人又特别。它没有告诉我们任何关于女人的事情,而是告诉我们一些像男人一样的女人的事情。千禧年代初期的《都市女孩》以一种极为夸张的方式讲述了年轻女性是如何神经质、自我陶醉、让人精疲力竭的,而《伦敦生活》则是一个关于女人有多像男人的故事。

这些电视剧都试图展现女性的真实面貌,畅想女性可以成为的样子。它们不自觉地提出了一个问题——一个至今尚未找到答案的问题:女性通常的样子到底错在哪里?自嘲但缺乏安全感;总是全身心地关注男人,关注让她们想与之同寝的男人,或者关注她们的父亲和儿子;对占据过多空间感到恐惧;无时无刻不在思考自己的样子会不会、如何会影响周围的人。《都市女孩》和《伦敦生活》更多讲述的是女性希望成为的样子,而不是女性可能成为的样子。这两部电视剧我都看了,某些部分给了我疾风暴雨般的启发,我试图学习这些女性的行为模式,或者至少学习一些生活中的经验教训。一旦对一切都能耸耸肩,一笑而过,你就会意识到,对于一个性别身份甚至被赋予了工作维度(比如护理)的人来说,这种感觉是多么不真实。如果事实并非如此该有多好,但是大多数女性确实比男性更爱操心。这些影视作品中的女性通过自我训练得以变得冷漠。崇拜那些因冷漠而过得很酷的女性很简单,但若想模仿她们要付出很多努力。

最初,"酷"不过是一种断言,断言世界不会伤害你，你会自信而从容地应对世界，你会满足甚至超越大家对你的期望。这就是为什么穿冲锋衣和平底凉鞋一点也不酷，因为任何带有明显功能性的服饰都是在向别人表明，你需要帮助才能克服恶劣天气。因此十几岁的男孩会穿着短裤站在深秋的操场上瑟瑟发抖，十几岁的女孩会和父母争论是否需要加一件外套。"酷"其实就是在宣称：你更少受到所有人都受的苦，你不害怕所有人都害怕的事情。男人如果总是被要求必须特别坚韧、勇敢和强大，那么在电影和电视剧里，他们就会通过独来独往、自信飙车、反抗上司、打破规则、解决超难问题、和美女上床的方式建立自己的酷感——我是不是把所有的007电影都复述了一遍？

十几岁时，我拼命想变酷。我的脑子中经常有这样的画面：我在几百人的注视下，手里抓着一串钥匙狂奔，目不斜视；我在数学课上迟到，老师略带嘲讽地让我解一个错综复杂的方程式，但我只扫一眼黑板，就一边走向自己的座位，一边大声说出答案，短暂的沉默过后，所有人对我肃然起敬，甚至对此终生难忘。在穿着可能是12岁生日时买的皮夹克，跑过学校的走廊时，我脑子里费力想象出的各种场景（比如我因为放火烧了垃圾桶而正走在去校长办公室的路上）远比现实（我在去上地理课的路上，马上要做关于构造板块的课堂展示）更刺激、更迷人。事后看来，我对"酷"的理解总是与一边跑一边做着什么事情有关，而这些事情通常只需坐着就能完成。

我其实并不知道什么是"酷"，我猜我的皮夹克是酷的，我的滑板、太阳镜和印有医生乐队（Die Ärzte）的T恤也是酷的。12岁那年，我试图把所有我认为酷的东西都杂糅在一起，将它们称为我的性格。在青少年自我实现的过程中，可能很少有哪个方面能比"试图变得很酷"失败得更彻底。既要很酷，又要早上吃妈妈抹好黄油的面包，是两件互不相容的事情，但是无数年轻人两者都要。当然，我对"酷"的理解来自流行文化，即来自那些我认为很酷或公众普遍认为很酷的女性。我似乎拥有一种可以被有意训练的性格特征，让我可以远离这个每天都令我感到恐惧的世界。对于这一点我感到十分庆幸。

恐怕"酷"总是与恐惧和缺乏安全感有关。我认为，感到恐惧且缺乏安全感的女性别无选择，只能接受世界上那些披着"酷"外衣的东西:不像个女人、和其他女人不一样、模仿男人。

女性的酷其实应该不同于男性的酷,不同于我们在电影和电视剧中看到的酷,因为真实世界离女性太近了。女性有不同的理想,也有不同的恐惧。女性应该风姿优美、高贵、不拘谨;身材苗条,但是不做运动,也不会只吃沙拉;皮肤光滑,但又不会花太多时间泡在浴缸里;感情丰沛,但又不会太黏人或需要情感疗愈。她们应该让周围的世界变得更美好、更舒适、更值得生活,但又不会给人用力过猛的感觉。

我想看到这样的酷女人,她们之所以很酷,是因为她们无视这个世界和这个世界对女性的要求。我想在电影中看到这样的女人,她们会化几个小时的妆,然后离开那些敢于取笑她们的男人。我想看到家中凌乱的女人;看到不会主动给公婆买生日礼物的女人;揉着自己的肚子,为自己松软的肚皮微微弹动而感到好笑的女人;在周围的男人都喝啤酒的酒吧里点甜饮料的女人;饭后解开牛仔裤最上面的扣子,对着商店的橱窗玻璃检查发型是否保持如初的女人;承认自己无法集中精力聊天,因为除了对方是否注意到自己眼下的细纹是否卡粉之外，什么都无法思考的女人。所有这些都是电影和电视剧中少有的"酷"，至少在女主角身上不曾有过。这种现象的责任被推卸给了丰满的女性朋友，她们作为一种出于喜剧效果的目的被写进剧本；或者被推卸给了非白人女性，她们自始至终保持着无来由的强硬，而女主角通常是一个对自己的存在缺乏安全感的女人。

最好的情况是，"酷"只是一个中间步骤，人们只偶尔需要它，就像有时需要讽刺一样。这世界让人恐惧，如果你知道有一个姿势能够逃离这个世界，哪怕只是几个小时，就足够令人欣喜了。除此之外，"酷"完全被高估了。我们可以成为很多比"酷"更有趣的样子，比如友好、体贴和诙谐。你可以有一双特别柔软的手，也可以是口袋里总是装着布洛芬的那个朋友。

当我不再努力扮酷时，我试着像那些伴随我成长的电视剧中的女性一样挫败，比如像《都市女孩》中的莉娜·邓纳姆一样神经质、总是失败，像《绯闻女孩》(Gossip Girl)中的赛琳娜一样不谙世事、被生活压得喘不过气。即使到了今天，作为一名成年女性，我仍然对剧中女性角色的破碎感情有独钟。我想像《亢奋》（*Euphoria*）中的芸（Rue）一样神秘莫测（但是没有毒瘾），或者像《伦敦生活》中的Fleabag*一样阴郁孤独（但是不用为闺密的死负责）。在我成长的那个时代，人们曾试图叙述各类复杂的女性角色，她们和《欲望都市》或《吉尔莫女孩》（*Gilmore Girls*）中那些单纯开朗的女友截然不同。

因此我们的大方向是正确的：女性比几年前更受重视。跟不上时代的是那些乏味的女人、平庸的女人、不酷的女人。这里"不酷的女人"指的不是"玩滑板喝啤酒，不会化妆不购物"的女人，而是麻木生存，不会直接表达自己对世界的看法的女人。

我们经常听到女性受到创伤的故事，但我认识的女性受创伤的比例没有那么高。她们没有那么复杂，她们不一定喜欢自己的身体，但也不会一直受其折磨。她们的初恋也没有带来那么多创伤，她们的父母和祖父母也都如此。她们并没有一直在寻

---

* Fleabag是《伦敦生活》女主角的代号，原意是"邋里邋遢的人"。——编者注

找儿时没有得到的爱。我认识的女性开女性主义和自己的玩笑,并不是因为她们不关心这两者,恰恰是因为她们把这两者都看得太重了,以至于她们知道,偶尔开个玩笑无伤大雅。我认识的女性认为,互联网上关于女性及其身体的大部分内容都有点过分。她们不会和闺密的男朋友上床,也不会做病态的独行侠。她们可能会爱上一个浑蛋,但几个月后会一笑了之。她们有时会自惭形秽,有时会对这个世界感到绝望,但总的来说,她们比近年来电影和电视剧中的女性要普通得多、快乐得多,也并不那么神经质。这些女性从她们那一代的伟大女性身上学会了:有趣、有魅力、酷的女性之所以有趣、有魅力、酷,主要是因为她们活得松弛、坦然。

2022年底,超模凯特·莫斯(Kate Moss)宣布,(和很多著名的白人女性一样,)她正在筹划创建一个健康产品品牌。这一消息促使一位英国记者撰写了一篇怀旧专栏,她在文中近乎绝望地表示,为什么当今所有酷女孩都渐渐变得琐碎无趣。她写到即使是莫斯,如今在接受采访时也主要谈论她有多喜欢在花园里消磨时间。文章配了一张作者心中"最好时光里的凯特·莫斯"照片:2000年初,莫斯在一次聚会的餐桌上抽烟,一副冷酷漠然的样子。当我读到这篇文章时,我突然意识到,一个曾经的顶级模特,现在一边种着天竺葵,一边在自己的行业内优雅地老去,这真是太酷了!我还意识到,我渴望这张2000年初的莫斯照片所展现的酷被永远埋葬,因为这是一种我们从动作片和平淡无奇的浪漫喜剧中早就熟悉的酷。

也许,"酷"的基本原则是:只能在观众面前才能展现出来的"酷"并不是真正的"酷"。一个无人关注、无人留意、毫无特点的抽着烟的凯特·莫斯一点也不酷。也许,对于女性来说,努力假装忽视这个比男人还麻烦的世界尚为时过早,而没有什么事情能比在自己的花园里躲避男人更酷了。

对女性而言,美丽和酷是密不可分的。今天,人们像某种技巧一样强加给女性的酷,在一定程度上,总是和正常的美化和修饰背道而驰。当然,这并不会让女性突然不再被外表所束缚。简单来说,"酷"意味着即使不涂脂抹粉、只随便穿穿,也能保持美丽。今天,"酷"似乎只对那些本来就美丽的女性有用。而且,酷与瘦几乎密不可分。穿上背心和牛仔裤,扎上马尾辫就能成为所谓的"酷女孩",但只适用于那些在大众看来,身材不用隐藏也无须改善的女孩。只有那些赏心悦目的身体才有资格做"随性"的载体,而"随性"总是与"酷"相伴而生。

做一个酷女孩和做一个"雌竞女孩"本质上差不多,究竟谁是真实地表现出自己身上的男性特质,谁这么做只是为了引起男性注意,这总是由公众的直觉来判断。同样对运动感兴趣、闲暇时不化妆、被狗仔拍到时穿着宽大的衣服,超模肯达尔·詹娜(Kendall Jenner)多年来一直被贴上"雌竞女孩"的标签,好莱坞女演员赞达亚(Zendaya)则被认为是个顶极酷女孩。两人在各自的领域都取得了成功。谁是酷女孩,谁是"雌竞女孩",具有很大的随机性,与运气和机遇有很大的关系。这就是公众容易过度评判的根本原因,尤其是当这种评判与女性主义密切相关的时候。女性可能会因为任何不符合刻板印象的特质就被贴上"雌竞"的标签,并且不容辩解和证明。这是一种凭直觉行事的女性主义。归根结底,女性一如既往地乐于贬低其他女性的价值。但如今,只有在对父权制提出建设性批评的前提下,这种情况才会发生。

没有驾照的男人

我对没有驾照的男人情有独钟,曾多次爱上这类男人。只需稍微细想一下,在德国没有驾照的男人大概有多少,而我以前的伴侣大多都没有驾照,我可能就会发现这个奇怪的规律。也许统计学教授会立刻指出,没有驾照只是真实情况的一种表象,我并不是具有一种少见的癖好:青睐没有驾照的男人。也许是我在男人身上寻找的特质恰好是他们不打算考驾照的原因,但谁会去问统计学教授呢?!

所以我的结论是:我喜欢没有驾照的男人。

我对驾照有着双重情感,因为在一年之内,我的驾照帮我两次兑现了对于自由的奇特承诺。在我年满18岁之前的几个月,我只有在大人的陪同下才能开车。大多数时候,姐姐会坐在副驾驶的位置上,当我开上高速时,她会神不知鬼不觉地打开危险报警闪光灯，履行她作为一个负责任陪同者的职责。等我年满18岁，可以独立驾驶时，需要自由的感觉就更加强烈了。这之后，我利用空闲时间做了两件事：开车穿过佛日山脉和去宜家。做第一件事是因为佛日山脉的景色太美，做第二件事是因为我至今仍然相信，只要去一次宜家，我就能成为一个全新的、更好的人。每隔几个月去宜家买一件我终于买得起的家具，然后独自在家组装起来，替换掉旧家具，这成了我的爱好。我的整个童年和青年时期用的基本都是旧家具，这些旧家具上贴着神奇宝贝贴纸、写着男孩的名字，还有其他令人尴尬的东西。我这辈子还从来没有和别人一起组装过家具。18岁那年，我开车去宜家，一个人在大仓库里把沉甸甸的家具搬上购物推车，一个人从购物推车把它搬上车，一个人搬回家放到自己的房间，一个人拆开所有的零件，一个人组装、摆放好它。这个过程有时要用尽全身的力气，但我从中感到了莫大的自由。有时，我坐在工具和纸箱中间休息，会想起小时候，妈妈给我的书包称重，以免我背得太重。短短几年后，我就能一个人组装整个衣柜，我觉得这正是我所取得的进步。

假以时日，人会进步。读大学时候的某一天，我的"小隐隐于宜家"生活达到了顶峰。那一天，我决定买一个高到天花板的架子来摆放厨具，于是我翘掉了当天的研讨会，开车去宜家买了一个高到天花板的架子，把它分段拖上五楼，搬进我位于顶层的公寓。当然，对于拖东西到五楼这件事，我已习以为常。

不知从什么时候起，我开始害怕开车。这也是可以理解的，因为我开车主要是去大采购，以及载着还没有驾照的朋友四处游玩。没过几年，我就失去了开车的热情。我卖掉了车，搬到了大城市，一直住到现在。我花了太多钱打车，我每年大概开两次车，都是在非开不可的情况下。我害怕找不到停车位，不得不绕着目的地兜一个小时的圈子。我不再开车后，我也不再去宜家，不再组装家具，不再在墙上钻洞。这些年来，我把工具卖掉的卖掉，送人的送人，只留下一把锤子，用它在墙上敲钉子，挂上冷冰冰的海报。几年前，我搬进了新公寓，一位朋友在搬家当晚来看我，我们在搬箱子的间隙小酌了一杯。他问了人们在新家都会问的问题：台灯放在哪里？这个角落应该放什么？

我们的谈话内容渐渐变成了：我告诉他我不擅长装修，这样我就不用按照自己的想法来布置公寓，而是在不用拧螺丝、不用钉钉子的情况下进行布置。他挑起眉毛看着我，思考着该怎么模仿我。"我不会用工具！"最后，他用手背按着额头，装模作样地说。

那天晚上，我俩一起嘲笑我像个刻板印象里的女人：家里没有电钻，只能用透明胶带把海报贴在墙纸上。他最后说："至少你没有让男人为你做这些事情。"然后他走进一个房间去拿酒，这个房间后来成了我的厨房。

我明白他的意思，没有什么事情比女人为了让男人帮她处理生活琐事而假装丧失生存能力更令人不快。就像蹒跚学步的孩子站在齐膝深的水里歇斯底里地尖叫，想让父母把他们从水中救出来。那天晚上，没人提到我是不是个"雌竞女孩"，但这依旧是我们俩心照不宣的女性刻板印象。我的伴侣们都没有驾照，意味着他们有很好的借口不用帮我。在很长一段时间里，我不会让走进我生活的男人们帮我做一些我可能搞砸的事情。从女性主义者的角度来看，这是无懈可击的，但我的心理治疗师一直认为这一点值得商榷。

在组装家具、钻孔和装灯泡方面,我现在就是个"雌竞女孩"。如果自己动手,我会连续三个月不停地说这件事。有一次,我去建材市场买了植物肥料,我当时的伴侣很能忍受我的喋喋不休,但是大约14天后,他非常诚恳地请求我不要再一直说这件事了。不过,大部分事情我都不会亲自去做。搬进新家后,有一盏灯歪歪扭扭地在天花板上挂了好几个月,直到一个男人走进我的公寓,主动提出爬上梯子,把它摆正。当然,他是在我明确表示我根本做不到之后才提出的。我如今成了一个"雌竞女孩",仿佛是对几年前一个人组装家具的过度补偿。

自己组装衣柜时,会觉得向别人寻求帮助的想法,以及别人会主动提供帮助的想法都是无比荒谬的。我坚信自己能够独立完成这些事情,正如我多年来一直载着没有驾照的男人开车到处跑。这表明了事物的两面性。对我来说,暂时做一个喜欢向男人求助的"雌竞女孩"也不错。往好了说,这是一个"中间阶段"。最坏的情况是,我会永远如此。但我的灯现在是好的,我的心理治疗师也很满意。

女性主义琐事

没有什么事情能比从一群12到14岁的少女身边走过更让我害怕了。在我从远处辨认出这样一群人的那一刻,所有的自信都会离我而去,我觉得自己非常可笑,我讨厌自己身上的衣服,我可能会后悔自己没有化妆或妆化得太浓。和这些女孩相比,我对所有事物的了解都更深入,我了解她们的不安全感以及她们用来掩饰不安全感的策略。曾经,我就是这些女孩,是她们中的任何一个人:我是追随者,也是霸凌者;我是领导者,也是冷漠的旁观者。奇怪的是,这些经历反而让我对她们更恐惧了。我知道,在她们这个年纪,什么事儿都可能做出来。

我记得一种非常特殊的沮丧感,不是当你说想反抗世界时,成年人说你不过是所谓青春期"中二病"的沮丧感,而更像是一种疲惫不堪的宿命论。事后看来,这可能与这样一个事实有很大关系:在那个年龄,你可以非常明确自己是否会成为一个美丽的年轻女人,一个亲戚们会爱怜地称她可爱的女人,一个在她的青春岁月里不得不忍受一些年长的叔叔用力掐她的上臂、说她吃得太胖或者长得太瘦的女人。我不喜欢从十几岁的少女身边走过,因为我知道,在柏林舍讷贝格区一年一度的彩虹节*结束后,我的穿着、外表和举止都会受到最无情的点评。也总是在这个时候,我沮丧地意识到,我能理解这些女孩身上发生的事情,这并不是因为我想教育她们,也不是因为我特别努力地想要理解今天的青少年是什么样子,而是因为在过去的10年里,我开始担心,今天的青少年和10年前、20年前的青少年如出一辙。

某一年的10月初,我坐在柏林西部的一家寿司店里,带着一本书和秋日的萧瑟,面临只有经过一群少女才能离开这家餐厅的处境。我把被细雨淋湿的风衣披在肩上,一边流着鼻涕吃三文鱼切片,一

---

* 柏林每年夏天都会举行彩虹大游行,也被称为"克里斯托弗大街纪念日"(CSD Berlin)。——编者注

边读着一本关于波伏瓦的书。好像有一个既不喜欢我，也不了解我的人写了一个恶搞剧本，而我就在那一刻将这剧本演了出来。我在餐厅里看书，而不是像其他人一样更新无时无刻不在更新的社交媒体动态，不仅仅是因为我自命不凡，也因为这些女孩就坐在隔壁桌，她们的年龄应该都不超过14岁。这可能是柏林迄今为止最奇怪的事情，但似乎没有人说起过：每个地方都有很多青少年，他们在通常为成年人准备的空间里自信且自如地活动。他们会独自乘坐出租车，或者在去购物中心的公交车上用至少两种语言大声交谈，以向周围的人表明他们上的是双语高中——他们根本不知道，任何一个心智正常的成年人都不会对双语高中感兴趣。他们坐在咖啡馆里，盛气凌人又悠闲懒散地点用纸杯装的热饮，把纸杯放在小餐桌上，表明他们虽然正在坐着喝，但马上就会离开。再或者，一群青少年坐在一家最不可能为青少年准备的餐厅里，带着他们特有的匆忙感点单，并且用信用卡支付，又自然又随意，让你意识到，在他们生活的世界里，青少年用信用卡买食物真的被认为是正常的。所有成年人会坐的地方都有他们的身影，所有成年人只有在需要纳税时才去学的事情，他们都会去做，而且做的方式让人感到害怕。柏林的青少年是打了鸡血的青少年。

一群十几岁的女孩坐在柏林西部的一家寿司店里，从这座城市中人们的互动方式来看，这完全没有什么奇怪的。

我吃完寿司，想一边结账一边在没有人注意到的情况下研究餐厅所有的"逃生路线"，这样我就可以在不经过那张聚集着青少年的桌子的情况下离开。一番研究下来，我唯一的选择是飞快地从鱼肉柜台上滚过去，但是这条路线会弄脏衣服。于是我付了钱，在站起身的时候努力提醒自己，不管接下来发生什么，至少我比那些孩子有一点优势：我用来支付餐费的信用卡上没有我父亲的名字。我的最后一丝自信只能来自在脑海中嘲笑一群14岁的孩子还没有固定工作。总之，这对我来说是个重要的时刻。我把双手藏进大衣，并且在大衣里抱住自己，然后带着一种很难被认为是自信的表情，气宇轩昂地向前走去。还没等我走到门口，一个女孩突然说："打扰一下！"我转过身："怎么了？"

对于成年人来说，这样的一群孩子几乎是一个由噪声和止汗剂组成的"气旋",但在那一刻,我突然把这些少女看成了一个个独立的个体。我冷静地发现,虽然她们看起来几乎都一样(都穿着宽大的尼龙长裤、又紧又短的上衣和飞行员夹克),但是很容易就能将她们拆分成一个个少女小团体所需的角色。有很酷的角色,她已经开始发育;有很热情的角色,她有点无聊;有普通的角色,人们喜欢她只是因为她偶尔也有热情的时候;当然,还有那种在寿司店里追着陌生女人大喊大叫的角色。

"我们在德语课上读过一篇您的文章,我们觉得您很酷。"我看着其他女生,试图从她们的表情中解读出这句话背后的恶意。她们看我的眼神虽然极不自然,但显然是真诚的,与一般青少年的百无聊赖大相径庭。"太棒了,谢谢。"我说完就走出了餐厅。我的风衣仍然湿漉漉的,当然,天还在下着小雨,这是人们患上秋季抑郁症后时常发生的事情——秋天展现了它在气象学上最令人沮丧的一面。我走在回家的路上,当你已经患上季节性抑郁症时,你就会经历这样的事:在恶劣的天气里,你怀着忧郁的心情走在回家的路上,内心的羞愧感油然而生。

每隔几个月，我就会收到一封来自中学生的电子邮件，他们告诉我，他们要在德语课或政治课上就我的一篇文章做课堂展示。我很感动，但也把它当作一种虚拟世界对现实的模拟。在我为自己构建的世界里，没有一个14岁的孩子知道我是谁。我沉浸在这种幻想中，感觉越来越好。那年10月，在西柏林的寿司店里，人生中第一次有真正的年轻人向我走来，我条件反射般地感到不适，因为我条件反射般地觉察到，我不希望这些女孩像我一样。

很少有成年女性愿意告诉年轻女孩，永远不要犯她曾经犯过的诸多错误。因为这么说会让人觉得无聊、迂腐和愚蠢。但是，当你突然看到这些小家伙穿着飞行员夹克，带着衣服赋予的自信，你就会明白，你绝对不希望她们走自己作为女人走过的弯路。

我不希望现在的年轻女孩像我一样，自认为自己很无趣。从女性主义者的角度来看，和其他女人一样是完全没问题的，因为从女性主义者的角度来看，承认其他女人很棒也是完全没问题的。

另外，我不认为女人在做女人方面做得足够好，是为了有一天成为女孩的榜样。我也不认为，年轻女孩应该和其他成年女人一样,如果这意味着她们会变得像我一样的话。

我认为女性应该比现在的我更有趣、更粗鲁、更强硬、更野蛮、更冷漠。我认为,近年来,女性已经将自己融入一种共存状态中。在这种状态下,几乎所有事情都可以以某种方式被重新诠释为女性主义,任何个人的决定都无须受到丝毫质疑。在这样的框架下,全职工作的母亲和那些因为在家带孩子而在经济上依赖丈夫的母亲是一样的。女人们使用丈夫的姓氏,穿上纯洁的白色礼服,让父亲陪她们走过红毯——婚礼看起来是如此美好,哪怕是具有欺骗性的美好,也都让你不想去批判这些让当下和60年前一样的性别歧视象征,因为那会破坏女性一生中最美丽的一天。整容与女性主义一样,都是为了适应自己的身体。抖音博主们以伴着垃圾音乐性感热舞为职业,她们就像左翼政客一样,以女性主义的名义免受批评。流行女性主义非常擅长重新诠释每一位女性的决定,不管这个决定是否想被贴上女性主义的标签。其结果就是大而无当、毫无方向的随心所欲,无法教给下一代年轻女性任何可持续的东西。

当一群十几岁的女孩在寿司店认出我时，我感到有些羞愧，因为我知道，出于省事、恐惧或冷漠，我也是女性主义的一部分，极力赞美女性及其生活选择，以至于后来的女孩们别无选择，只能相信她们想做的任何事情都非黑即白。

如果可以选择，我不希望年轻女孩畅想自己和其他女人一样。我也不希望她们像我一样。我认为，千禧一代的女性在搞笑视频、成功学、讽刺性回忆录等形式展现出的一切都应该给我们带来这样的启示：在做一名女性方面，仍有很大的改进空间。如果波伏瓦所说的"女人不是天生的，而是后天形成的"这句话是正确的，那么我周围的女性就是从她们年轻时遭遇的所有可怕事情的总和中逐渐成为女人的。我就是我所经历的一切事情的结果。

如果可以选择，我希望今天 12 或 13 岁的女孩们不要经历我曾经历过的那些烂事。为了实现这一目标，像我这样的女性必须找到一种平衡，尽管我们尽了最大努力去成为优秀的、成熟的、完美的女性，但这还远远不够。我们可能永远无法成为我们应该成为的女性。女性主义告诉人们，努力填补自己性格中的漏洞在道德上是正确的、无可苛责的，因此人们会自然地渴望女性主义。这是一种令人欣慰的方式，但并不能让我们真正有所收获。我非常理解这样一种感觉：作为一个年轻女性，你已经经历了足够多的流言、足够多的压力、足够多的恐惧、足够多的自我厌恶，以至于你认为你应该得到一种温柔，一种新近集结起来的女性主义，以及它承诺给我们的温柔。我担心，尽管这种鼓励形式在短期内让人感觉良好，但对未来几代年轻女性来说，并没有什么用处。

也许我们可以完全接受：女性主义在某些事物上的体现较少；行为、偏好、想法和愿望可以以不同的方式成为女性主义；女性也可以有一些特质和生活，使她们产生一些非女性主义的想法和愿望。并不偏激的女性主义任务不应该是为这些想法和愿望为什么最终可以被描述为女性主义寻找借口或进行解释，而是给予女性自由，让她们接受自己并不百分之百符合意识形态上严格的"女人的标准"。

我不希望女性认为和其他女人一样就够了，因为我觉得，现在的女性远不如年轻男性有趣。我认识太多没有爱好的年轻女性，太多在音乐或电影上没有品味的年轻女性。我认识太多的年轻女性，她们为母亲随意把选票投给父亲支持的政党而发怒，却在恋爱关系中逐渐屈从伴侣的生活习惯。我认识十几个热衷于陪男人玩的女人——我这么说既没有讽刺也没有恶意。至于男人们是否也愿意这样做，那就无从谈起了，因为这些女人中的大多数都没有什么可以带男人去玩的爱好。

我怀念有激情的女人，我怀念奇怪的女人，我怀念令人讨厌的女人，我怀念那些因为知道自己有更远大的人生规划而对眼前的苟且忍气吞声的女人。

老实说，我宁愿容忍一个因为想要与众不同而时不时会不小心"雌竞"的女人，也不愿忍受一个试图让每个女人都享有权利而陷入女性主义琐事的女人。

晚熟

尽管我对成年人发明了一个词来形容青少年开始做爱的时间是早还是晚而感到恼火,我仍然是个彻头彻尾的"晚熟"(Spätzünder)之人。13岁那年,当其他女孩开始穿上小裙子、运动鞋和一切时髦的东西,打扮得可爱又迷人时,我依旧穿着宽大的T恤,T恤上印的到底是什么,自己也说不上来,只能概括为有趣的词句。我曾经很喜欢穿这种印着有趣词句的T恤。度假的时候,我能在游客中心的销售摊位前站上几个小时,仔细思考该用度假基金买哪件T恤。给我送礼物简直太容易了,因为在每个火车站、每个机场、每个西德中型城市的廉价精品店里,都有我的最爱——宽大的T恤。

我已无法从记忆中调取出任何一句T恤上印的词句,而我大脑中不记得这些的部分也正忙着希望我没有穿着这些东西拍下照片。不过,我倒是记得这些词句有一丝真诚的愚蠢带来的独特幽默,比如"面包会发霉,你会吗?"或者"我穿黑色衣服是因为更深的颜色还没有被发明出来"。13岁的我与其他女孩不同,现在回想起来,这并不是一件好事。

  在那个时候,人们同时面对着各种令人困惑的说法,这些说法都是关于自己的生活的,却又彼此矛盾;在那个时候,辅导员忙着掐灭青春期霸凌的第一个苗头,严肃地告诉全班同学,每个人都有自己的长处和短处,没有人比别人更优秀。也是在那个时候,你第一次意识到,在未来的岁月里,真正发挥作用的将是你所取得的成绩(当然,这些成绩非常清楚地量化了谁比别人更优秀);在那个时候,你第一次撰写实习申请,把自己比别人强多少或差多少输入精美的文档。也是在那个时候,你第一次被期望表现出一种道德行为,即你应该表现得好像你坚信没有人在任何事情上比别人更好或更差,所以你既不会注意到别人比你更差,也不会为你比别人更好而骄傲。

  最重要的是,在那个时候,女孩们正在慢慢成长为女人，她们用生命完成周围女人潜移默化地为她们树立的榜样：根据自己的魅力程度，将自己归入自认为属于的"等级"。

青春期的女孩似乎精准地知道自己看起来有多好或多坏，像是有一种"机体的直觉"，而我却从来没有过这种经历。我们女人判断自身和他人的标准是可靠的，因为它们都经过了生活的考验，并且无一例外都与男人和男孩如何对待我们有关。

我们每个人都注意到，自己一直在被其他人默默审视着，注意到那些年纪大的、对教育和学科都一无所知的老师，是如何开始与班上的女生嬉戏的；高年级的男生是如何开始在操场上与女生交谈的，当这些女生因受到他人的关注而咯咯笑着走过时，餐店、超市和购物中心里的成年男人是如何满怀欣喜。但最重要的是，作为其他人的我们注意到，对我们适用的规则似乎全然不同，我们的生活如此艰难，因为我们身上没有任何东西让男人们觉得我们魅力无穷，让他们愿意更好地对待我们。

只有当你知道一个女人是否晚熟时，你才算真正了解她。她在13岁时是否戴过降低颜值的牙套，是否长过可怕的痤疮，是否因为生病不得不跛行了半个学年。我坚信,当年那些扯下男孩的帽子、尖叫着跑开(她们知道,男孩们一定会追过来,伺机拥抱她们,并在抓住她们的时候将她们举到空中)的女孩,在成长为女人之后,身上会有一种特殊的魔力,一种轻盈和松弛。经历过男人追捧自己从女孩变成女人那一刻的女人,会有一种特别的自信。在青春期,你从无数不会在你身上停留片刻的目光中意识到,你正在做着男人们最讨厌的事情:你存活于世,却毫无吸引力,毫无价值,而且脑子里也没有这样的想法:万不得已时可以和男人发生性关系。因此,你感到精神恍惚。这大概就像在没有父母的环境中成长一样,你不知道自己到底缺少了什么,你只能将自己的行为和拥有一切的人的行为进行对比,在对比中寻找答案。

女孩若想引起别人的注意,就必须给男人提供一些东西。那些特别漂亮的女孩提供了最容易却又最难提供的东西。其余女孩可以尝试提供聪明过人、幽默风趣或善解人意。

如果你像我一样,13岁时还在忙着翻阅每个季度的时尚杂志目录,寻找能成为下一个爆款的搞笑T恤,你可能根本不会注意到,你周围的所有女孩都已经把自己归入了性感或可爱——某种类型，而你却缺席了这一切，把自己归入一个自认为是一类的类型：其他。也就是多余的人。

女孩们给自己进行分类的时候，恰好是青少年经常发出人类所能发出的最大噪声的阶段。在这个阶段，为了弥补自己的不安全感，男孩们制造出各种幼稚的噪声：踩碎塑料瓶，在试图爬墙、爬栅栏或爬墙时受伤，高声尖叫，但因为在变声期，很快就叫不上去了。女孩们弥补不安全感的方式是尖叫、装病和表达不满。总之，13岁的孩子吵得让人发疯。因此，当悲伤也在这一阶段悄然袭来时，你有时甚至全然察觉不到，因为吵闹和悲伤是相互排斥的，你无法同时拥有两者。青少年时期有点像葬礼结束后的那一刻，在最后一批送葬者离开后，周围终于变得安静下来时，你才意识到，你其实是在悼念一位逝者。而14岁，最晚15岁时，高声尖叫、盛气凌人、装腔作势都被忧郁的沉默所取代，每个人都面临着新角色。

我的角色就是"多余的人"。我和其他晚熟的孩子（每个班级、每个阶段、每个环境和每个社区都有这样的孩子）一样无法跟上其他人想要成为成年人的步伐。无论如何,我们在这场名为青春的聚会上迟到了,一切都于事无补。酷女孩已经到花园里偷情去了,我们连派对上播放的是哪首歌都不知道,虽然极力掩饰,但还是被人识破。你不理解大家穿的衣服,你觉得自己就像父母一样,对他们说话的方式感到抵触。尽管如此,你还是尽可能地模仿他们的一切。

属于"其他"类型的女孩有很多选择。一种是完全退出有关男性的游戏,这带来的问题是,你将不得不完全放弃男性的关注和认可,而在中学时代,男性的关注和认可是衡量一个女孩是否真的非常讨人喜欢的重要货币。另一种是沉浸在某种毫不起眼的亚文化中,并假装这种文化并不属于亚文化,而是主流文化,是对正常世界的无聊评论,你短暂地进入这个世界,只是为了购物和做作业。在这些亚文化中,你可以假装每一代青少年男女之间玩的所有游戏都与你无关。这也许是亚文化能为青少年带来的唯一承诺:他们可以为自己建立一个世界,这个世界不像他们每天早上醒来时所看到的那样可怕。顺便说一句,当他们长大成人时,这种悲怆感应该早就消失殆尽了,这也正是为什么当你看到一个30多岁的人穿着宽松牛仔裤和帆布鞋去滑板公园时，你的内心会生出一种不信任感，你会带着这种不信任去面对每一个仍然沉浸在亚文化中的成年人。

如果你觉得亚文化太累（毕竟，加入亚文化后的主要活动是在少年中心或朋克酒吧等陌生地方闲逛），你可以寻找一种与你每天的校园生活相去甚远的生活模式。比如在网络论坛上寻找位于国土另一端的新朋友，或者杜撰出一个与你相爱但住在另一个城市的男孩。所有这一切都让你能够假装自己在每天的生活中过得不尽如人意是情有可原的。

关于上述两种选择，我做了一个混合计算。我几乎尝遍了所有亚文化，学生时代结束时，我身上留下了多种亚文化的痕迹，我成了一种奇怪的混合体，形成了自己的圈子，没有人愿意参与进来，除了自己。不仅如此，我也在网上寻找新的朋友，但是不太成功。当同学们问起来时，我就会虚构一些新朋友。

当我面对真实的生活时，我是一个"雌竞女孩"。我是那个最爱开玩笑的女孩，开那些只有男生才会笑的玩笑。我假装不在乎外表。在其他女孩能听到的距离内，假装自己和某个男孩关系亲密，和他一起度过许多漫长、毛躁的下午。我这样做并不是因为我不喜欢女生，也不是因为我想贬低她们的价值。我这样做，是因为这可能是我留给我的唯一的小片天地。

如果我尽可能地隐藏自己的性别，如果我成为一个介于两性之间的几乎无性别的人，而不是这个年龄段的孩子通常被灌输成为的社会性别，如果我设法让所有人都忘记我是个女孩，我就不必为男孩们都不想和我上床而辩解了。"雌竞"不过是女性在男性问题中受苦，并反过来试图让这个问题对男性更容易一些。没有人因为自己的青春期过得特别快乐而成为"雌竞女孩"，就像你不会因为希望自己在15年后想和年长得多的男人上床而产生"恋父情结"。

28岁的时候，我对我的心理治疗师说，我很伤心，我一直没有搞清楚自己的特点，以致浪费了多年光阴。成年人普遍都有的一些琐事破坏了人际关系，摧毁了自我价值。她温柔地看着我，笑着告诉我，我能在28岁时认识到这一点已经很早了，大多数人认识到这个问题，并想解决这个问题是在40多岁的时候。我总觉得人在20多岁时就应该停止忧伤，尤其是我，我生命中的很大一部分都被经常袭来的忧伤占据。

回家的路上，我思考着这种信念从何而来。我叫了一辆出租车，点燃一支烟，在手机上浏览Instagram，刚一打开就刷到一条视频，视频中一位美国网红展示了她十几岁时卧室里的所有东西，当时她觉得这些东西酷毙了，现在却觉得非常尴尬：UGG的靴子、墙上贴着的她根本不喜欢的球队海报（她说当初贴这些海报是为了给男性朋友留下好印象）、抽屉里的廉价化妆品（她说她只是偷偷地用这些化妆品，因为她走到哪里都会告诉别人她不会化妆）。视频结尾，镜头对着她的面部特写，她说的最后一句话是："你们呢？反正我曾是个超级雌竞女啦！"我把烟头弹到路上，打开她的维基百科，她才23岁。

有的时候，几种事情同时发生往往有其深意，以上就是一个例子。无论出于何种原因，社交媒体上的女性成功做到了几十年来女性一直在做的事情：以一种男性永远不会想到的方式，贬损自己和身边其他女性的一切。二十几岁的时候不应该对自己十几岁时的一切感到羞耻,也不该评判自己十几岁时毫无女性主义是好是坏。严格的女性主义教导我,到了20多岁,我必须将自己的每一个愿望、每一个行为、每一次约会、每一件衣服、每一个嗜好、每一个兴趣都与这个问题进行比较:我现在或曾经有多"女权"。事实上,在"雌竞"背后至少隐藏了一种回避策略,一种想以某种方式应对成为女人后通常难以启齿的那些困难的尝试。

  我觉得,尽早让他人了解我的青春期是十分重要的。以前我这样做是因为觉得有趣,现在我这样做是因为我相信,我的青春与其他女性的青春差别甚微,也许就差在什么时候不快乐或为什么不快乐的问题上。如果有人认为我这么做是以自我为中心或多此一举,我也不去辩解。毕竟如果你不知道一个女人13岁时是什么样子,你就很难评判她的行为。

网暴

第一次遭遇网暴（shitstorm）时，我以此为借口，两星期没有用吸尘器打扫我的合租房。我盯着角落里越来越多的灰尘和绒毛，它们和我掉落的头发（由于厌恶浴室的脏乱，我总是坐在床垫上对着手持镜子梳头）混在一起，纠缠成了一坨坨的。最初几天，我长时间地坐在公寓的公共厨房里，吃着果仁巧克力面包，或者用放在破旧沙发上公用的尤克里里，边弹边唱比莉·艾利什（Billie Eilish）的歌曲。没有人知道这把尤克里里究竟是哪里来的，也没有人说起，也许他们是想保持一种自由的艺术态度，一把凭空出现在厨房里的无主尤克里里根本不值得讨论。一曲终了，我拿起手机，在这几周，手机壳不断被我的体温加热，我在社交媒体上搜索我的名字，怀着自毁式的希望和恐慌，看看是否能找到几个新的词条。

只要看到人们在网上以一种现实世界中不会有的方式讨论你，你就会不由自主地开始想一些关于自己的事情，这些事情比你被批评的事情更难以启齿，但是千万不要忘乎所以地把它们说出来并写下来。网暴最恶毒的地方在于，大多数情况下你只能眼睁睁地看着别人把你从一个活人变成一条流行语，而你却没有任何反驳的机会。很少有人真的在评论事件的主角，他们总是很快悟透关于网暴背后的一切。突然之间，你的名字成了一个标签，人们会在这个标签下讨论讽刺的局限性、女性主义，或者某些烂书还能卖出几本。父母几十年前为你精心取的名字，在几天或几周内失去了你对它的喜爱。每一次网暴结束后，你会慢慢重拾自己，打开通信设备时的胸闷感也会慢慢消散。之后的几天就像刚刚抽过筋一样，紧绷的肌肉慢慢放松下来。

第二次遭遇网暴时，我已经有了自己的公寓，但失去了尤克里里，于是我点了辣鸡翅，吃完后把手机调到飞行模式，天真地以为自己可以忍住不去互联网上浏览相关内容。这次网暴是最猛烈的，这时我才意识到，第一场网暴结束之后的我是多么天真，当时我长长地舒了一口气，以为一切都过去了。

　　第三次网暴来临时，我在客厅里组装了一辆自行车。网暴就像例行公事般地如期而至，我感到无比郁闷，毫不犹豫地注销了社交媒体账号。我去找我的邻居，向她借了一些用来拧紧自行车刹车的工具。几天后，我把自行车推到街角的修车铺，因为我既不信任自己，也不信任我组装的零件。之后的几天，我企图用意念缩短这场灾难，我一次又一次地下载推特，好像这么做就能结束关于我的全部讨论。很显然，我的行为已经足够让各方都感到厌恶，以至于让他们产生了暴民心理。第三次网暴是迄今为止最严重的一次，可能也有我对周围人假装特别轻松的因素，就像父母们在生第二个和第三个孩子时假装一切都很容易，因为他们已经知道该怎么做了。

　　一周后，当我从修理工那里取回自行车时，我仍然是一个关键词，而不是一个人。我骑上自行车，开始蹬轮子，刚骑了几米，我就知道我不喜欢这辆自行车。但我至今都不知道，我不喜欢它是因为我把它和网暴联系在一起，还是仅仅因为车架对我来说小了一点。几个月后,我搬出了公寓,把自行车留在了院子里,没有上锁。当我坐着搬家的车驶出街道,前往新社区时,我很高兴以后都可以步行了。

　　第三次网暴以一种特殊的形式席卷而来。我开始怨恨我的朋友、伴侣、家人和同事,因为他们都来敲我的门,以各种不同的方式随意来敲我的门,想了解我的一丝悲伤——不需要太多,刚好能满足他们的好奇就行。他们对我崩溃细节的兴趣多少,与他们过去几个小时在互联网上读到的关于我的垃圾信息量呈正相关。我感觉到了被人们称为"孤立"的东西,这既不是孤独,也不是孤单,我不再相信别人能够理解我的内心世界。我并没有抑郁,虽然看起来很像焦虑症,但严格来说并不是,我只是对人的善意失去了信心。

　　第四次网暴让我想起了5岁那年,因为害怕拔牙会痛,一颗乳牙被我憋在牙龈里好几天。那颗牙被一根肉丝挂着,如果稍微不注意,我可能直到满嘴是血和酸味唾液的那一刻才会意识到,它其实已经掉了。我试图无视这场网暴,但是唯一的收获是,我对一切的反应都慢了三天。当我在网络媒体上看到第一批讨论我和所谓的失误时，我当时的男朋友给我发了一张他正在海滩度假的照片。他对公众正在公开讨论我的道德操守问题之事只字未提。我回想起了当年的自行车，刚踩了几下我就知道自己不想骑了。我盯着那张海滩的照片，心中已知这段感情已经没有意义了。在过去的几年里，由于自身总是感受到莫大的痛苦，于是我开始允许自己绝对化一些问题。无论如何，在德国只有少数几个人知道，我反复经历这一切的感受，没有人可以给我建议，我也无法把我的感受准确传达给任何人。其实，这段感情直到几个月后才破裂，我意识到这是我人生中第一段因在网络上缺乏距离感而毁于一旦的感情，其实并不那么痛苦。

在我迄今为止遇到的最后一次网暴时，我在墨西哥的沙漠里购买药物。如果没有网暴，我也会去买点药，但在那一刻，我决定假装是因为网暴才去买药的。我相信这是一种主动逃避的方式。在我玩到最高兴的时候，和我一起吃了"神奇仙人掌"的当地巫师递给我一杯饮料，说能助我一臂之力，但他没有说是在什么事情上帮助我。即使如此，几个小时以来一直看到让人不舒服的龇牙咧嘴表情的我，还是很高兴听到"帮助"这个词。这杯饮料尝起来有盐和柠檬的味道，像一杯不含酒精的玛格丽特*。喝完这杯饮料后，我又喝了一杯龙舌兰，导致之后的好几天都吃不下东西。当晚酒醒后，我发现大腿被晒伤了，疼痛难忍。我沉默地坐在化妆师莎拉的酒店房间里，看着她为晚餐梳妆打扮。我的手机放在旁边的桌子上，现在它毫无用处，因为我不知道该打给谁，又该说些什么。

就像失恋后的第一个清晨，有那么一小会儿，你不知道自己为什么会有这种感觉。直到前一天的记忆真实地袭来，我才想起，在地球的另一端，人们正在热火朝天地讨论着我所谓的人格。我疯狂地在互联网上搜索最新消息，我想知道未来几天该怎么去看待自己。一些网络文章评论了我退出社交媒体这件事。当天晚上，我在餐厅喝了3杯玛格丽特，在回酒店的路上不得不拼命忍住，才能不吐出来。第二天我就飞回家了。望着飞机窗外不断缩小的墨西哥，我意识到，这是我这辈子到过的唯一的在其境内没有花一秒钟浏览社交媒体的国家。

---

* 玛格丽特是一种用龙舌兰配制的鸡尾酒，以龙舌兰、柠檬汁和君度等调制而成，杯口上通常沾有一层细盐。——编者注

在我进入公众视线的最初几年里，我试图让自己看起来没有被这个微观世界打倒。我和那些在此期间发表过批评我的文章的记者保持着朋友关系，当我的伴侣因为不知道如何处理这种情况而对我的职业前途开一些毫无分寸的玩笑时，我表示接受。我耐心地回复前同事给我发来的长长的信息，不为别的，只为制造这种"朋朋友友"（Drive-by-Kontakts）的假象，让他们产生错觉，觉得和我关系不错。我感谢那些公开为我辩护的专栏作家，我和那些以不经常上网为荣，因此不知道有关我的所有争论的男人谈恋爱。与此同时，我仔细记下了哪些女性在公开场合说了我的坏话、什么时候说了我的坏话，我对她们的诽谤耿耿于怀，我和那些不够支持我的女性朋友绝交。

我经历过的每一次网暴都不尽相同。纳粹分子给我发过死亡威胁，左翼分子攻击我的个人言论，保守派记者取笑我的外表，其他女性主义者公开讨论我在职业生涯的哪个阶段出于什么原因和谁睡过。所有这些的唯一共同点是，我犯了卡戴珊姐妹在每一任丈夫的每一次婚外情被公开时犯下的错误：指责女人，但是为男人辩护。我一生中压力最大的时候,我相信最简单的机制可以帮助没什么自尊心的女性,即尝试过通过让尽可能多的男人喜欢我来提高自己的价值,即使我并不喜欢这样。

2022年,记者雷恩·费舍尔-昆恩(Rayne Fisher-Quann)在为 i-D 杂志撰写的一篇文章中创造了"被女人"(get woman'd)这个短语。不久前,她在推特上用这个短语戏谑地说,作家奥蒂萨·莫什菲(Ottessa Moshfegh)即将遭遇"被女人"的命运。昆恩的这篇文章描述了一种屡见不鲜的现象:在公众面前,女性先是被无条件的赞美和认可捧上神坛,不久之后又被同样一群人从神坛上拉下来,而她们自始至终也没有追求过这些赞美和认可,得到赞美也没有感到很高兴。

莫什菲就是个典型的例子,她的小说《我想睡上一整年》受到了文学界和当下女性主义者的一致好评。该书讲述了一位年轻的纽约人试图摆脱自己的家族历史和无处不在的忧伤,用药物让自己进入了长达数月的睡眠状态,中间只会短暂地清醒片刻。莫什菲从来都不是人们想象中的那种人,在她的第一部小说出版时,她就已经相当忧郁,充满矛盾。她的文本涉及厌女和暴力,这在文学上很容易论证，但不太符合那些把她塑造成女性文坛新领军人物的人的生活方式和观点。在"被女人"的结尾，人们总是会失望地发现，被寄予更高期望的女人做的那些事不过是她一直在做的事：做一个不可预测的、复杂的、有缺陷的人。近年来，莉娜·邓纳姆、卡拉·迪瓦伊（Cara Delevigne）和比莉·艾利什等女性被一种"女孩一定行！"（You go girl!）的完美心态塑造成了高不可攀的偶像，但当公众发现，她们其实和其他人一样，无法达到完美时，这一头衔又被夺走了。这样的循环周而复始，有些女性熬过了失望期，几年后又可以被捧上神坛了。

事后看来，我职业生涯的一大幸运之处在于，人们对我的第一印象就是，我很可能是个有争议的人。我丝毫不用担心自己无法达到人们对女性公众人物所寄予的过高期望。我经历了多次网暴，如果我没有心理洁癖，我是可以避免这些痛苦的，这样就能体验到男性在公共场合总是享有的特权。可以说，公众试图把我当作一个完整的人来理解。

失望是一种强有力的工具，因为它甚至不问某些期望是不是故意弄成让人无法实现的样子，而是直接断言，将女人置于神坛之上是某个阴险计划的一部分，而这个计划被公众及时揭露了。只有当失望的一方确信自己事先受到迷惑时，失望才会存在。这是随便炒作文化的阴暗面，在这种文化中，女性希望炒作其他女性的日常决定和公众形象。人是复杂而自私的，但善良的人还是会尽可能多地展现自己最好的一面，尤其是女性。当她们第一次公开（故意地或意外地）表现出自己不好的一面，比如草率、粗心或笨拙的一面时，就不得不面对这样的指责，即她们在那一刻之前表现出的所有好的一面都是在试图迷惑别人。这种情况带来了一种无法释放的压力，迫使我们一次又一次地经历从赞美到诋毁的循环。

我为从未经历过网暴的女性公众人物感到遗憾，因为这意味着她们的"专属"网暴还在未来等着她们。作为一名女性公众人物，恐怕迟早都要被指控有重大错误。

网暴值得反思之处在于，从大多数网暴中得到的教训是如此平庸和俗套，以至于你不禁怀疑这些仇恨循环是否有必要。最后，你在网上毫无目的地浏览时意识到：人都会犯错。你的出发点是好的，并不意味着你能做得很好。我们都还有很多东西要学。

前男友

在我令人兴奋的青春期最初几年里,我完全没有能力谈恋爱,这真是我一生中最大的幸运。人们对破碎的、不可爱的、不温柔的女人有一种难以置信的迷恋。她们在这个世界上艰难地前行,却能够在人们的心里留下一道印记。

我能够从这一切中汲取营养,我能够成为这一切。我经历过这一切:可悲的一夜情,可悲地对着表明"已读"的对钩发呆;晚上躺在床上,在脑海中颠倒自己的生活,希望下一次的爱情会完全不同,但是第二天早晨一切照旧。

过早坠入爱河可能会让你变成一个无聊透顶的人。如果我能要求广大女性做一件事,那就是不要把20多岁的青春年华浪费在无关紧要的异性关系中。

我想写一写与我同床共枕过的所有男人，我想写一写某些男人在第二天早上是如何冷漠无情的，当我发现他们和前女友偷情时是如何痛哭流涕的，以及他们是如何心安理得地脚踏两只船的。

一方面，我觉得这应该会很有趣，当我以一种回溯性的视角去看这些男人时，也是很公平的。

另一方面，我很明确地发现，当我看到其他女性的爱情生活似乎也很糟糕时，我感到了一种慰藉。我渴望复述那些黑暗和有毒的情感，与它们相比，我的爱情则显得愉快而无害。从根本上说，也许这才是女性应该一直做的事情：不断重述自己的不悦经历，直到我们都意识到，有些事情我们每个人都会经历，无一例外。

但是，我认为记录下与我同床共枕过的所有男人是不公平的，我认为，人们在别人面前脱去衣服的那一刻，就达成了某种不用明说的契约，即如果你们无论在多久的将来想把对方写进书里，都不能让对方看起来很可笑。

与此同时，我内心的一小部分，即能与美剧《权力的游戏》（*Game of Thrones*）中强烈的复仇幻想产生共鸣的那部分，发觉每个男人，只要他向自己的女人展示了我在自己和其他女人身上体验到的那种平庸的浪漫和爱意，就无一例外地值得在书中被嘲笑。我做出让步，从与我同床共枕过的所有男人中取了一个"平均值"。毕竟，向渣男复仇和保护个人权利并不冲突。

★我们相识于一场聚会。与他接吻后，他告诉我他有女朋友，我感到很羞愧。一周后，他联系我，说已经和女朋友分手了。我完全相信了这件事。

★我们居住在不同的城市，选择在两个城市的中间位置见面，那是西德的一个小镇，小到在火车途经小镇的火车站时才能意识到它的存在。晚餐时，他变得沉默寡言。我想，是我让他觉得厌烦了。几天后，他在电话里向我坦白，他被我吓到了。他问我是否有精神问题，会吓到别人的那种。他不是个容易被吓倒的人，所以一定是我的问题。

★我希望第三次见面时他能到我的城市来，他住的地方离我有两个小时车程。我准备了一个蘑菇芝士挞，还买了点酒。晚上，他打电话来说他睡着了，错过了火车。我记得当时有种浑身刺痛的感觉,直到我到了火车站,坐上当晚的特快列车去看他,这种刺痛感才消失。

*因为他的前女友不同意,开始交往的第一个月,我不能去他的住所。

*我们同时申请了一份为一档深夜节目编剧的工作,最后我得到了这份工作,他没有。他认为这里面一定有问题,为此连续好几周在社交媒体上侮辱该节目的主持人。

*两个月后,我们在一次出差时偶遇他的前女友,她嘲笑我比她胖。在回家的路上,我们一直保持沉默,直到他告诉我,我们相遇时,他真的想过,我对他来说是不是太胖了。

*我们坐在酒吧里,他抚摸着我肩颈部的皮肤,说它那么光滑,与我脸上的皮肤形成了鲜明的对比。我脸上的痤疮长久不愈。

*他在回家的出租车上对我大喊大叫,因为他觉得他的朋友们更喜欢我而不是他。

*在一次聚会上,有人结束和他的聊天,转而邀请我参加一个活动。他一整晚都没和我说话,第二天早上宣布,我们以后只能分开参加活动。

*我告诉他我做了很久的一个项目赚了多少钱。

他并没有祝贺我,而是怒气冲冲地说,像我这样的人能拿到这么多钱,证明媒体行业已经无可救药了。几个月后,他向我借钱,并且再也没有还我。

★他发短信结束了我们的关系。几周后,我和他复合。4个月后,他再次结束了我们的关系。这次是通过语音留言。

★他把我送给他的一件昂贵的夹克忘在音乐厅的衣帽间里,也没有去找回来。

★他生日那天,先是和前女友见面,然后又来找我。

★他在音乐会上把我介绍给他的母亲。那天晚上,音乐会结束后他就再也没有回复过我的信息。

★多年之后,我在汉堡的一个红绿灯前与他擦肩而过。在他假装没看见我之前,我率先假装没看见他。在自尊心方面,我认为这是一次绝对的成功。

★在我们最后一次联系的几个月后,他不经我的同意就把他写的书寄给了我的老板,还附上了一封手写的长信,密密麻麻写了好几页。我没有读这封信,他的书讲的是有毒的人际关系。

★他在社交媒体上发帖,说这一周是多么令人兴奋和美妙。就在那一周,他离开了我。

能够概括"雌竞女孩"可悲之处的最典型的句子是:"我能拯救他。"

有些女人自认为自己是如此与众不同,如此杰出,如此可爱,以至于她们可以接近特别难以接近的男人。"雌竞女孩"是傲慢和自我牺牲的混合体,这种想法可以对她们进行很好的概括:有些女人认为自己和其他女人不一样,所以她们的爱情注定不会简单。她们生来就有要去干大事的使命。而到头来却发现,这些大事虽然看起来各不相同,但本质上总是千篇一律:让身边尽可能多的男人感到绝对的舒适。

在独立电影和悲伤情歌里被当作真实的、真挚的爱情来贩卖的,往往只是两个成年人互相为对方的创伤负责。它看起来像是成长经历,像共同的旅程,伴随着一系列关于童年记忆和与父母推心置腹的忧伤对话。但是,除了自己,也许没有人应该为你的悲伤做些什么。没有人愿意和你"内心的孩子"约会。

时代精神告诉我们,真正的爱情中,双方应互诉衷肠，对对方倾诉自己的脆弱。对女性来说，这其中的棘手之处在于，（令人震惊的是）和男性相比，她们更难走出一段感情。没有男人说"我能拯救她"，只有女人说"我能拯救他"。

　　流行文化中没有这样的故事传统，即通过与男人建立情感关系，女人突然变成了她们认为自己永远无法成为的温柔善良的人。没有女人认为自己完全不需要男人的爱，是一匹不需要男人的孤独母狼。没有任何一种传统、文化或宗教宣称，男人应该将自己的主要精力投入到努力让女人实现自我价值上，或者说这是一种值得追求的生活方式。假设一个男人向女人倾诉他的自我厌恶，如果这个女人倒霉的话，她就会试图把男人变成他不想成为的那种人，而这纯属浪费时间。到那时，她就会成为一个从下列这些事情中获得自我价值的女人：凌晨3点接到醉酒后含混不清的电话；等上好几天才能收到回信；每天都要重新告诉他，他可以完全信任自己。如果一个女人向男人倾诉她的自我厌恶，男人就会十分恶劣地对待她，因为她也可能认为这是应得的。内心破碎不堪的女人在爱情中一无所有。再补充一句令人沮丧的话：当女性患上慢性病或绝症时，护理机构会让她们做好丈夫可能会与她们分居的准备。据统计，丈夫离开的比例比不离开的比例更大。

几十年来，我一直很有破碎感。我试着去爱各种各样的男人，他们中却没有一个人曾试图为我的破碎感做些什么，而我总是试图同时修复我和他们内心的破碎。

女人总是贬低自己的成就，这样做可以自动淡化自己的问题和痛苦。为了幽默诙谐地证明女性平等和进步是多么轻松愉快、女性团结已经做得有多好，以女性主义的名义取笑其他女性，其结果就是淡化了女性的真实悲伤。

我觉得没有什么比"我能拯救他"这句话更悲伤，很少有什么事情比选择做一个"雌竞女孩"更令人沮丧。那些想尽一切办法让身边的男人尽可能轻松的女人，她们的心理动机很容易被看穿。当今天的女性主义者承认自己曾经也是一个"雌竞女孩"时，她们会有一种藐视一切的感觉，就好像终于意识到了自己从前的错误，现在正竭尽全力改进所做的一切。

十多年来，我一直以为我可以拯救任何与我擦肩而过的男人，我做到这一点的方式是：我和其他女人不一样。我记下他们前女友的事情，比如争吵的主题、她让他厌恶的地方。每次听到关于前女友的故事，我总是回应以优雅的蹙眉，不对他们明显强加在这段感情中的条件提出质疑，假装认真倾听，实际毫不用心。与此同时，我牢牢记住他说的每一个字，努力让自己成为一个和这位前女友截然相反的人。之后，随之而来的苦情可以在我和我假装爱的男人之间建立起相当舒适的距离。这样，我就不会接受这样的想法：我是应该作为自己被爱着的。

某一年的秋天，我在9月就已经开始疯狂地期待圣诞节的到来，因为圣诞节一到，意味着这一年终于要结束了，我将这种想法告诉了我的心理治疗师。我还向她讲述了我试图通过放弃自己来向男人证明，以及我值得让他们在生命中为我留出一席之地。她看我的眼神中带有很明显的耐心。每当我还没找到问题的根源时，她总是会用这种眼神看我。我思忖了一会儿，然后说："嗯，女人就是这样。我觉得在女人身上努力是得不到什么结果的。"她说："那你为什么要找一个女性治疗师呢？"我茫然地耸了耸肩。她补充道:"面对一个男人,你可以努力让他喜欢上你。"我抿了抿嘴,尴尬地停顿了一下后说:"那我想我很幸运,我们彼此喜欢。"她摇了摇头:"听起来我才是幸运的那个人。"我又沉默了一会儿,作为一名自费治疗的人,我的沉默时间让我很心疼。

在回家的路上,我开始怀念那些从我生命里走失的女人。我想起了已经结束的友谊,想起了没能保持联系的前室友,想起了毕业后让我给她们写信的亲戚和教授。这样的事情一次又一次地发生在我身上,我失去了这些出色的女人。为什么会这样,我想了很久也没想出答案。现在的我总是想在对话中让伴侣感到舒适,但不小心露出了百无聊赖的神情。我渴望有机会不断完善自己,让自己完全符合我想象中男人的幻想。

对于今天那些活在"雌竞"狂热梦想中的女人,我并不想取笑她们,而是为她们感到惋惜。在她们的梦想中,她们只和男人做朋友,因为女人太过"抓马"。然而,如果你不想在被爱时作为完整的、不加任何修饰或改变的自己,那么成为一个"雌竞女孩"就是最好的策略。近年来,社交媒体将"雌竞女孩"塑造成了可悲的反女性主义者角色，然而事实并非如此。"雌竞女孩"也是正常的女性，也有完全正常的疑虑。她们沉溺于自己的幻想中。

喜剧生活

入学那天,我感到百无聊赖。教室里,其他孩子还在乖乖坐着的时候,我不声不响地把所有文件夹都装回书包里,收拾好东西站在座位前,老师不得不停下口中的欢迎辞。我希望以此加快整个进程,不仅仅是欢迎辞,还有上学本身。我想,我已经入学了,任务已完成。下一项任务是什么?让我美梦幻灭的是,入学后,每天还要去上学。我至今仍坚信,"入学"这个词在语言上是令人困惑的,它听起来像是一个短暂的过程,很快就完成了,并且之后也不用碰了。

一年级时,我们被要求画出自己梦想的工作。我意识到,这可能是我在班集体这一社会结构中的重要时刻。在形成特有的个人气质之前,我们会在短短几个月内被归入不同的社交圈和人气箱,归纳的标准是：书包是廉价折扣店的自有品牌还是童子军的纪念品；在被问及假期做了什么时，是否有精彩的故事可讲；我们是否能很快理解如何写手写体的大写字母 A。总的来说，和成年人被分类的方法很相似。

我看到周围的男孩和女孩如何把自己画成警察和医生、画成马术运动员（是的同学，你有一匹马，我们都知道了！），或者冰上曲棍球运动员。让我感到非常兴奋的是，这个人根本不会打冰球。时至今日，我仍对这个既有雄心壮志，又能安于现状的人钦佩不已。这就好比我在非常认真地追求一个梦想——在《胡桃夹子》中扮演主角。我决定把自己画成一名音乐剧演员。我很喜欢这样的想法：穿着袖口带毛的衣服，画着胡须，在一分钟内唱出三个八度。当我写下这些的时候我才意识到，那时，我离音乐剧演员的距离和那个男孩离职业冰球运动员的距离一样，都遥不可及。我不会跳舞，不会唱歌，不会演戏。我相较于他唯一的优势是，他应该不会用一下午就看完以前冰球比赛的录像。

孩子们有一种令人感动的能力，他们不会区分热爱和天赋。我们并不纠结自己能否胜任画出的这份工作，光是想象每天都能做这份工作就已经很有趣了。也许那时我毫不怀疑自己会成为一名出色的音乐剧演员。

当我开始发现不同的女孩有不同的角色时，我就不再对音乐剧感兴趣了。我怀疑那些娇小、文静、脆弱，尤其是可爱的女孩和我受到的待遇截然不同。我了解到，虽然已经过了看迪士尼和芭比娃娃电影的年纪，这些女孩还是会看，并且她们周围的人会觉得这很可爱。这是些爱撒娇的女孩，几乎所有成年人都会给她特别的优待。男人们看她们的眼神更专注，女人们和她们说话的时间更长。这个论点我虽无法证明，但我誓死捍卫。吵闹、好动的女孩和安静、忧郁的男孩受到的待遇是一样的：无论男女都不喜欢他们。

顺便说一句，在成年后，这种吵闹女孩和文静男孩是最常见的友谊组合。很明显，我们有同样的心理。吵闹、好动的女孩们还必须注意自己的一举一动不会被认为是奇特、怪异或令人尴尬的。在操场上体育课时，金发、苗条、受欢迎的女孩射门射偏了10米，这是可爱的、有趣的。而我，这个肥胖的、经常严肃但又吵闹的女孩，同样射门射偏了，就会得到令人不安的沉默。

作为一名青少年,我经常扪心自问的一个问题就是,自己身上有无古怪之处。在我真正理解美、性别角色或人生压力的概念之前,我已经知道它是如何运作的:每天不断地将自己与周围的人进行比较,以便尽快发现自己身上的任何偏差,并将其贴上"古怪"的标签。我甚至完全不知道人们对女孩有什么具体要求,但我看看周围的女孩,就能意识到自己在哪些方面与她们不同,什么时候受到不同的对待,什么时候人们对我的要求比其他人多,或者少。你知道的可以将自己的古怪和别人的古怪进行比较的领域越多,你就越能更好地了解自己在班级等级制度、在受欢迎程度、在整个生活中的位置。

喜剧表演中有个方法叫"加倍下注"(doubling downs):如果一个笑话不成功,你不要从此就不讲这个笑话了,相反,你应该把笑点提得更高,讲得更加夸张,使讽刺更加明显、滑稽。在大多数情况下,"加倍下注"最终都会让笑话奏效。这背后的理论是,如果你不断加大反差,将笑点藏在笑话的结尾处,幽默迟早会从你创作出的素材中迸发出来。但有个前提：素材要扎实。在台上最糟糕的一句话就是："不，我只是在开玩笑！"只要喜剧演员在嬉皮笑脸地侮辱观众后说出这句话，我就会起身离开。

当我第一次听到"加倍下注"时，这个概念被雪藏在我脑干的最深处长达数周。我一点儿也不愿意去尝试，因为这感觉就像是在用自己的笑话玩扑克牌游戏。如果一个笑话很糟糕，但你还是坚持把它打出去，迟早会让自己出丑。我试探性地在节目或播客中反复地讲同一个段子，将它变成一个"持续笑料"（running gag），大家都知道，这种持续笑料的效果迟早会被消耗殆尽。然而，很多人不知道的是，一段时间之后，它又会变得搞笑起来，但是没有人能够预测这到底是什么时候。你要做的就是坚持足够长的时间，直到大家再次开怀大笑。

如果我可以改变年轻时的一件事，我想强迫自己把做过的每一件事都做成"加倍下注"。我觉得人们可以很容易地把幽默运用到青少年生活中，毕竟青春期本身就是一个巨大的笑话。每当我千方百计地想让自己尽可能不古怪时，我就是那个最无聊的自己。青少年时期，当你开始将周围环境的古怪与自身的古怪进行比较时，你会发现自己在某个方向特别出众，而矛盾的是，你通常会认为自己才是问题的根源。当然，最糟糕的是那些和周围的人一模一样的人，他们把尽可能少地偏离环境作为自己的性格根据。但你在青少年时期并没有意识到这一点。你想让自己变得更加正常，却忽略了一个事实，那就是你最多15岁，你甚至还不知道什么叫"正常"。

无论如何，我上了初中，盘点了一下自认为的怪癖和问题，得出的结论是，我现在实在是太古怪了。我不再对音乐剧感兴趣，我加入了体育俱乐部。我不再把头发染成绿色和蓝色，而是把头发剪成莎拉·库特纳（Sarah Kuttner）的样子（我到现在还是这个发型）。我哥哥认为莎拉·库特纳很优秀，而我哥哥无论从哪个标准来看都是个超级好男人。我想，也许我应该像她一样，成为"那个女孩"，有一点酷，有一点性感，最重要的是：有一点古怪。

"加倍下注"会让人上瘾，因为这需要很大的决心。当你知道一个笑话行得通时，再讲一次十分容易。但是，面对一张张茫然的面孔，在没有任何反讽余地的情况下,再讲一次完全相同的笑话,并且不知道最终能否换来笑声,这是很难的。

在我逐渐"成为"一名女性时,我把自己有意或无意学到的关于女性的所有东西都归纳到了一起。我根据自己的外表、男人对我的好坏来对自己进行分类,尽管这两点对少女来说通常是一码事。我试图摒弃自己身上古怪的东西。

为了让自己看起来和其他女孩更相似,也为了不那么引人注目,我把两年的青春时光都"献"给了进食障碍症,那是我最无趣的时候。当我发现,男孩们喜欢将他们汗津津的手放在身旁同样汗津津的女孩的手上,而女孩通常沉默不语时,我就这么错过了激进发言的时刻。

美国喜剧《摩登家庭》(*Modern Family*)想讲述的是普通美国家庭的故事。这部电视剧的白人色彩浓厚得可怕,有些地方还很拘谨。剧中有一对同性恋情侣卡姆和米切尔,他们一整季都没有接过吻,而异性恋在偏僻的酒店浪漫约会时则会被跟踪。卡姆和米切尔就像同性恋的两种典型代表。卡姆很早就出柜了,尽管受到了一些来自家庭的阻碍,但周围的人还是支持他的,因此他觉得他所做的一切和想做的一切都是正确的。在剧中，他是那种不在乎自己是否符合同性恋刻板印象的同性恋。他一有机会就唱歌跳舞，在众多场合都把自己打扮得花枝招展，穿粉红色的衣服，唱嘎嘎小姐（Lady Gaga）的歌。但是，米切尔在青少年时期花了很长时间才接受自己。在美国实现同性婚姻平权后，还有一段令人特别痛心的情节，另外一个角色杰被赞颂为大英雄，因为他几经周折，终于能够出席儿子的婚礼。杰一开始觉得，祭坛上站着两个男人是不对的。《摩登家庭》中经常出现的情况是，反复出现的有敌意的刻板印象，并不会因为撤回而得到解决，相反，似乎仍然相信这种刻板印象的人决定为了家人摒弃自己的想法，让刻板印象变得更加有人情味。成年后的米切尔似乎仍在为自己和丈夫是同性恋而挣扎。他经常站在角落里，态度漠然，冷嘲热讽，而卡姆却想扮成《猫》中的若腾塔格（Rum Tum Tugger）。卡姆和米切尔的角色分工如此平淡无奇，却动人地诠释了人们如何在生活中追求平衡。卡姆经历了与社会、家庭的期望背道而驰的自我接纳的过程，米切尔虽已婚并育有一子，但仍在经历这一过程。

在某一集中，米切尔和他的继弟曼尼在一次露营时围坐在篝火旁。曼尼很不开心，因为他在学校几乎没有朋友，还被贴上了古怪的标签。米切尔坐在他旁边，对他说，自己当年在学校也被说成怪人："我是个怪人，有趣的怪人。这就是成长过程中让人感到奇怪的地方。很多年来，每个人都害怕自己与其他人有任何不同。然后忽然之间，几乎是一夜之间，每个人都想和别人不一样。那就是我们怪人大获全胜的时刻。"

每当我看到一个似乎因为自己生活中的某种缺陷或委屈而痛苦不堪的少年时，我都不得不压抑自己所有的愤世嫉俗，以免忍不住祝贺他们已经满足了日后成为一个很棒的成年人最重要的先决条件。我知道对他说这些改变不了什么。当我年轻时，为了做一个无可挑剔的好女孩，那时的我愿意用10年的生命去换取。

事实上，今天我最看重的就是古怪。每当我无可救药地迷失在无数关于女性的幻想中时，我就会想起我的超能力，它让我度过了20多年。如果14岁的我能看到现在的生活，她只会站在那里，一脸难以置信。古怪一直是我的超能力。

如今，每当我在"我是个什么样的人"这个问题面前有些迷茫时，我就会使用这项超能力。我会穿上更古怪的衣服。同样的笑话，如果第一次讲不成功，我会再讲三次。我会去做所有我认为自己小时候会喜欢的事情，直到有人向我指出，这些事情严重背离了"如何做人"的理念。我很冲动，玩马里奥卡丁车时，输了就骂我的搭档；当我羞愧难当时，我会痛哭流涕；我找到了战胜神经衰弱的方法，我不再因为在聚会上迟到两个小时而烦恼；当我发现自己额头上的刘海奇怪地卷曲时，我会说服自己再洗一次澡，这样我就能重新接纳自己的身体；当有人指出我说话太快时，我就会说得更快。这些其实都不算古怪，只是在我生命中的某个时刻，我被灌输了它们是古怪的。我每周都要尝试六七次我模糊记忆中年少时的某些行为，这些行为在我成年后的今天会给我不一样的感觉。然后，我会摒弃这种行为，找点新的事来做。

作为一个女人，我还是会把自己从生命中的某个阶段整理出来的东西拼凑在一起。我不再相信我当年用来决定哪些东西可以保留下来、哪些不能的标准。并不是所有的东西都适合我，有些事情让我非常尴尬。有时候，我真的像一个在生活中讨好男人的女人。我试着不再这样，但极少成功。我觉得现在也挺好的，我为每一个想要表现得古怪、却一不小心表现出色的女人感到高兴。

掌控身体

我在20到25岁时，对怀孕感到恐惧。这种恐惧毫无理性可言，并不是因为我的男朋友不负责任，或者我进行了无保护措施的性行为，而是因为我个人的精神焦虑。我上大学时，某一个周一早上骑车离开男友的公寓，尽管我正在按时服用避孕药，但还是觉得应该在上学之前，去药店买紧急避孕药。当时的人们新造了个可怕的名词"荷尔蒙鸡尾酒"，用来形容紧急避孕药。在我看来，吃上一颗紧急避孕药，比一上午坐在阶梯教室里，躲在笔记本电脑后偷偷摸自己的胸部，看它们是否变得更加敏感，或者经历长达数月的体内荷尔蒙失衡要好得多。当时的我对女性受孕也有基本的了解，知道精子进入体内的第二天，乳房不会有压迫感，也不会孕吐。但是，我们现在谈论的是一个22岁的女孩，在一个寻常的周一早晨，认为自己非常需要服用紧急避孕药。

其实，让我恐惧的是两件事：一是发胖，二是我怀孕了，且怀的是个女孩。第一种恐惧与各种身体问题和进食障碍的残留密切相关。几年后的今天，我可以很轻松地说，所谓的残留仍然存在，一点也没减少，但是我变得更善于向自己和他人隐藏它们了。在我的整个青少年时代和20岁出头的时候，我自认为我的外表刚刚升级到可以接受的水平，我能容忍自己了，因为我现在的样子还算可以，但不能再糟了：我的身体不能再胖了，我的皮肤不能再有瑕疵了，我的发型不能再差了。如果我可以维持现状，虽然离美丽还差得很远，但至少不会令人讨厌。直到几年前，我才意识到，很多女性都这么看待自己，或者说至少在她们人生的某个阶段有过这样的看法。突然之间，有了这样一种潮流，即在社交网络上发布自己年轻时的照片，并配上这样的文字：当时自己觉得自己不好看、太胖了，而今天，从成年人的角度来看，无法理解那时的自己怎么会产生这种自我怀疑。这股潮流本应令人感动，并在某种程度上给人以力量，但我觉得它更是一种悲哀，因为它的潜台词就是：如果我知道自己以后会更不好看，当时就不会抱怨了。

因此，任何幅度的体重增加或个人吸引力的下降都是致命的。自我怀疑的时候，我思考的不是在完美主义的框架下多一个或少一个瑕疵，而是一种假设中的确定性，即再多任何一个瑕疵都可能将我排除在"像人"之外。流行文化中一直流传着这样的玩笑：当女性无法再穿上一条以前的牛仔裤时，她们就会崩溃。这并不是因为女性真的认为臀围增加几厘米会让她们变成坏人，而是因为，当牛仔裤还合身的时候，她们坚信，这些牛仔裤是她们能穿的最大尺码。

总而言之，对我来说，怀孕与不可挽回的吸引力丧失联系在一起。

让我恐惧的第二件事，即生个女孩，和第一件事密切相关。我有一种预感，我真的无法给一个女孩做出榜样。我觉得自己仿佛缺少了一块——某种让我能更轻松地以女人的身份上街的确定性，或者某种秘密。当时，我觉得自己在公交车站与男人擦肩而过时的不适，以及在导师办公室约见时的紧张和压抑，都与我的无知有关，也因为自己是唯一的麻烦。在某种程度上，我觉得男人对我不好似乎是一种我应得的惩罚。

我知道，我的女儿将无从知晓我身上根本不存在的那些秘密。我想到了作为女孩的我、作为少女的我和作为女人的我，我知道虽然我可以忍受这一切，但在我更好地想明白自己的每一条紧身牛仔裤、每一支面霜、每一次一夜情和每一个备选方案之前，我不想承担把这些教给一个小女孩的责任。

我认为，女孩在成长过程中能够拥有的最大的且不言而喻的特权，就是被一群自以为完全没有问题的女性包围，没有听过在第一次怀孕前就应该了解的祖母式的故事教育，没有那些走过镜子时会下意识地捋捋头发或拉拉上衣、口中哼着"我今天看起来怎么样"的母亲。和这样的女性在一起，在餐厅点了多少菜、晚饭吃了多少东西并不能说明任何问题，不能说明失败，也不能说明成功。她们看其他女人时的漠不关心或满意赞许，更多的是与自己有关，而不是与世界上的任何人有关。我试着想象，从青少年时期到20多岁，几乎所有的躁动不安本都可以平静度过，但是如果拿这些平静的时光和精力做些什么，却超出了我的想象。当我认真思考，我所认识的女性中，有多少是在知足常乐的女性的陪伴下长大的，又有多少在成年后能够成为知足常乐的女性时，我能想到的实在太少了，少到让我觉得，想过上一种让自己感到相对平衡的生活都是一种达不到的奢望。

去年，我得知在眼下注射某种药物可以祛除黑眼圈，这个信息让我不寒而栗，因为我会不由自主地想象随之而来的痛苦。我总是低估我的身体将要承受的实际后果，每次我和文身师约好时间，我的思想就会坠入第一次文身的那个时候，我舒舒服服地躺在文身床上，忘了去想它可能真的很疼这一事实。对痛感十分迟钝的我，一想到用细针去扎眼球下方几厘米处的皮肤，就感觉不靠谱。当然，这并不妨碍我在接下来的几周对这一想法反复陷入着迷，因为我一辈子都讨厌自己的黑眼圈。

黑眼圈真的是外貌的瑕疵，我从小就不喜欢黑眼圈。这种不喜欢并不是在青少年时期慢慢形成，或者被人说出来的，它是与生俱来的。我认为，任何一种对美的干预都必须经过较长的时间，分不同阶段融入大脑和个人生活，这样才能根深蒂固。首先，你必须给自己植入这样的想法：选择这条路不是因为自己对外表不自信,而是迎难而上,去解决问题。

不仅如此,你还得让周围的人也接受这样的想法,而单次谈话,比如说出来"我得告诉你一件事,我想在脸上打肉毒杆菌",这样做显然无法实现这一点。所以必须进行多次谈话,并且尽可能表现得随意和漫不经心,否则就会给别人留下这样的印象:你已经认真考虑这个美容手术好几周了,特别认真。所以,在与你想聊这件事的人聊起医美时,必须以某种懒散的态度"顺便"提起这个话题,然后强调自己对这个话题并不感兴趣,转而谈论另一个话题,比如勒内·笛卡尔(René Descarte)的晚期作品、欧洲财政、美国总统制的弊端等。这样做可以让你对这一话题的态度迟早变得轻松,然后你就可以接受它了。

到了某一时刻,你在谈话中可以不再列举那些你想一针终结的、多年来给你带来痛苦的缺陷,只是耸耸肩说:"我不知道,我只是对它有点兴趣。"——这就是你努力的目标,也是你最终决定一定要花钱在皮下注入不明物质的时刻。根据传言(和医学研究),这些不明物质可能会堆积在人体内。然而，许多相关的计划也可能是在这个阶段失败的：当年你把它当作一个好主意向周围的人推荐，并且对它深信不疑的时候。

当我第一次萌生眼下注射祛黑眼圈药物的想法时，我突然发现自己每周都要站在镜子前盯着眼睛看上好几个小时。我仔细研究了脸部的骨骼结构和眼下的确切颜色。我看着别人给我拍的照片，认定我的黑眼圈是几十年来我对自己外表不满的根源。我察觉到，单是接受一个简单手术的想法，就让我对外表的看法产生了新的视角。这不是贬损的视角，而是一种冷静观察的视角。我审视自己的目的不是为自己的外表感到羞耻，也不是把一些任意的自我意识堆砌到日常生活中。相反，我自认为是一个没有把自我价值与外表挂钩的人。我想，这就是医美的魅力所在。我看着自己，想着自己，没有憎恨也没有厌恶。

在我度过了第一阶段的发呆期后，我就进入了与闺密随意提起黑眼圈话题的阶段。当然，我淡化了几周来对黑眼圈的重视程度。毕竟，这是大多数女人的共同谎言。我们甚至不愿意向自己和最亲密的朋友承认，我们每周花在外表上的时间有多长，特别是试图优化外表的时间长得吓人，比如在网上研究合适的收腹内裤，或者四处搜索好莱坞女星，只因她们有我们真正想要的发色。我们这么做是因为相信，我们最终会看起来像想成为的样子，那就是：与现在的样子不同。

我不经意地提起了黑眼圈的话题，说这是我偶然间发现的，几乎是"被迫"看到它的、我从来没有刻意去寻找它等等。我想尽量不给别人留下太多印象，所以只是潦草地说了说理由，说明为什么我和大多数人不一样，我真的有必要去掉这个大家都看得见的瑕疵："我从小就有这个黑眼圈，我一直都不喜欢它！它不适合我的脸！我喜欢它长在别人脸上，但不喜欢它长在我脸上！"

在每一次与朋友的交谈中，我发现每一个女性朋友都有黑眼圈，无一例外。这当然与21世纪紧张的生活节奏密不可分，如果让你去想谁没有黑眼圈，你能很快想到的人少之又少。当我在解释为什么我想把这个我认为是美观瑕疵的东西从我的脸上去除时，我遇到了一个问题：为什么这个瑕疵不应该从我朋友的脸上去除？难道我说这些话是想建议大家一起去看肉毒杆菌医生？

事实上，我以前从未注意到我身边的人有黑眼圈，即使有人向我指出了她的黑眼圈问题，我也不明白为什么我的朋友会想注射祛黑眼圈的药物。但我知道，为什么我的黑眼圈一定要去掉，即使它并不一定比别人在跟我说话时充满怀疑地盯着的黑眼圈更黑、更深、更糟糕。在我心中，我的黑眼圈就是一种"更"糟糕的存在，即使它们并不是真的更糟糕。我的长相和其他大多数女人不一样，也许她们才真的值得评判。但我不像其他敢于自我怀疑的优秀女性，我看起来就是很糟糕。

我认为，整个行业都在利用女性的自我怀疑来赚钱，告诉她们和其他女性不一样，让她们对自己的容貌心生厌恶，同时不去厌恶朋友、姐妹和母亲的容貌。

在某个时刻，可能是90年代或者千禧年，社会开始模糊地认识到女性对美的痴迷所固有的荒谬性，这一认识虽然发展缓慢，但是千真万确。这种痴迷非但没有被消除，反而被重新发扬。并不是每个女人都必须改头换面，有些女人只是有一些小问题，而问题是可以（也是必须）被解决的。你不必再为自己太胖、太丑，或比例太差而感到羞耻，但你不得不为自己的外表感到羞耻。这也许是一个行业所能做出的最有价值的权衡。它不再告诉顾客她们需要它的产品,而是让顾客决定是否需要它的产品。大多数女性似乎都确信,自己和其他女性不同,自己才是真的需要这些产品和手段。如果每用一次面霜,每做一次手术,每买一件塑身衣,女性都能看清这样一个事实:想要去除自己身上的瑕疵,同时不认为其他女性身上的瑕疵也应该被去除,这是不可能的,还会增加永葆青春的难度。我一穿紧身裙,就得把自己塞进Spanx内衣[*]。我经常这么做,并不意味着我会对其他不穿紧身裙的女性进行评判。但这至少意味着,就算我是她,我还会这么做。

你对其他女性抱有敌意的侧目(即使你并不想这么做)也许并不是问题的核心,问题的核心在于,我们让自己相信的独特性,让我们不同于别人的黑眼圈、腹部的褶皱、下垂的胸部、过薄的嘴唇,不过是个谎言。我和其他女人一样,我的黑眼圈和她们的黑眼圈没什么不同。我的黑眼圈并没有更令人兴奋、更特别或更值得被评判。

---

[*] Spanx 是一家知名的美国内衣品牌,以高效的塑形效果著称。——编者注

出于教育的目的，我宁愿黑眼圈去除手术是痛苦的，但实则不然。在我看来，嘴部周围的填充物会更不舒服，最糟糕的是直接注射到嘴唇上。在微针疗法中，许多小针被插入皮肤的第二、第三层，以刺激胶原蛋白的生成。治疗通常使用笑气，也就是一氧化二氮，在德国，患者可自行配药。走出医生的手术室时，我的皮肤下流淌着玻尿酸，而半小时前，那里是黑色的阴影。我带着做完这类手术该有的兴奋，我很自信，也很满意，坚信自己比以前更漂亮了。我知道，这是众多不显眼的小治疗之一，即使是亲密的朋友，如果你直接问他们自己的脸有什么不同，他们也不会想到这上面。最重要的是，它对脸部的影响是如此模糊、如此微妙，你在看到自己3年前的脸时，才会发现自己和3年前看起来不一样了。不知怎的年轻了一些，不知怎的也显得更富有了一些。

我不敢发布自己好看的照片，也羞于见到杂志封面上的自己。我为化妆打扮后拍摄的照片被公之于众感到羞耻，因为总是害怕人们看到真实生活中的我之后，会对我的真实面貌感到震惊。前段时间，我开始在社交媒体上更多谈论时尚话题，发布自己穿衣打扮的照片的次数也变多了。我的一位好友说,他很惊讶我发布的照片经常比现实生活中的我看起来更糟糕。而我则认为我的社交媒体账号是个大骗局。我确实会发布一些我觉得能反映自己真实面貌的照片,但说到底,我是最不了解自己真实面貌的人。

"身体羞辱"(body shaming)一词的出现是种偶然,为 *Vogue* 和 *GQ* 撰写关于流行文化的记者菲利普·埃利斯(Philip Ellis)是第一个在文章中使用该词的人。在此之后,它通过"身体自爱"(body positivity)文化在社交媒体上流传开来,这种文化与实际的源头关系不大,而与白人女性的自我保健方式和腹部脂肪自拍的关系更大。"身体羞辱"一词几乎成了对知名人士身体的一切负面评价的统称,尤其是在社交网络上。反对"身体羞辱"的运动希望公众做到包容和公平,所以不会限制这个词语的使用。似乎人们谈论"身体羞辱"的次数越多越好。但是这个词的界限很难把握,这就导致肯达尔·詹娜因为太瘦而被身体羞辱;莉佐(Lizzo)因为和蕾哈娜(Rihanna)穿了一模一样的红毯礼服而被身体羞辱,因为这件礼服在她肥胖的身材上显得不那么高级，所以就莫名其妙地被认为是淫秽的、毫无美感的。杰森·莫玛（Jason Momoa）在《权力的游戏》第一季中扮演了主角之一，他在网络媒体的头条新闻中受到的身体羞辱（可能身材走形了）和比莉·艾利什第一次被狗仔拍到穿着短背心，而不是她通常会穿的超大号T恤时受到的身体羞辱一样。

"身体羞辱"一词的有趣之处在于"羞辱"这一部分，它或许可以被翻译成"丢脸"，不过这样一来，它失去了其正确性的内核。人们因为自己的身体而"感到羞耻"。"羞耻感"是人们为自己的情况而感受到的东西，哪怕最严重的"身体羞辱"也可能伪装成是有建设性的、充满爱意的批评。比如，某视频评论区的陌生人突然担心起一个名人的健康状况，他们对这个名人一无所知，却不喜欢他在电视采访中展现出来的身材。人们貌似知道有这样的身材可能并不舒服，或者想当然认为身体的样子会自动透露出一个人的心理健康。"身体羞辱"与任何"羞辱"一样，都是在批评一个人的存在，这是唯一能激起羞耻感的方式。就像我只会为自己感到羞耻，其他的东西最多也只会让我感到尴尬。

找一位经验丰富的肉毒杆菌医生，了解可能的治疗方案，然后在咨询中会听到医生保证：所有这些治疗方法每天都在进行，一直在进行。这让你的自我怀疑变得更加无关紧要。看着候诊室里的其他女性，你常常会想：她们也是这样吗？你越是这样想，你的自我怀疑就越显得微不足道。我从来没有像现在这样害怕别人对我产生错误的看法，因为我在皮肤下注射了一些东西。对我来说，这更像是一次旅行或者冒险。对男人来说，他们的反应从欣喜到公开表示担心，让我不要做得太过火，再到咄咄逼人、漠不关心。对于女人来说，她们总是一开始很怀疑，但最后会找我要美容医生的联系方式。这种手术其实是花钱证明自己和其他女性一模一样的方式之一。

现在，我不再害怕生女儿了，这与生活经验的增加关系不大，更多的是与我曾经被女医生在皮下注射或吸出的东西有关。我不知道现在的我是否比10年前漂亮，我看着那时的照片，对自己的外貌毫无感觉，我在努力回想被压抑的童年记忆时，同样毫无感觉。那时的我看起来更年轻、更瘦、更白，但用的洗发水更差，皮肤的瑕疵也更多，你可以看到我各方面的可用资源。我不再害怕生女儿，因为我对自己今天的样子非常满意。

我不认为自己完美无缺，也不认为自己美得令人窒息，但与过去不同，也与许多其他女性不同的是，我可以列举出很多自己身上让我喜欢的东西。我不喜欢的东西也会至少让我觉得有趣。我不再害怕养育一个女儿，因为我不再站在镜子前，条件反射般地对自己感到不满意，不再严格地评估自己的缺点。我不再把自己的长相看作必须让别人接受的东西，仿佛我身边的人在我青春期开始时就和我就我的生存权利进行了一场谈判，在这场谈判中，他们直接亮出了底牌。

我并不相信，我现在的样子就是我最好的样子，但我以前相信，并且我知道很多女人现在仍深信不疑。

我认为，一个心满意足的女人比其他女人更加危险。她们有不同的人际关系、更高的期望，而且她们不节食。心满意足的女性已经把自己从周围环境中剥离出来，而一开始，她们是被人为地且自己并未主动地放置到环境中的——她们觉得自己的存在与其他人，尤其是与男人相关的想法是荒谬的。

当一个女人说，她为自己的容貌花了很多钱时，你会想到激进的医美手术、疤痕、紧身胸衣、全身麻醉以及在瑞士高端诊所的住院治疗。我在自己的外表上花了很多钱，主要花在染发剂、眼霜和玫瑰石英上（玫瑰石英是我早晨用来按摩脸部的，可以让下颌线条更清晰，几乎每个月就会有一块玫瑰石英掉进洗脸池里，碎成无数块）；还有一些花在染睫毛、涂指甲油、永久脱毛、面部美容和减少眼球红血丝上，花在面部填充和提升上，花在当我看到好莱坞女星的照片，意识到她比几个月前看起来更好的那一刻之后所做的一切上。

我花了很多钱才有今天的容貌，如果我没有这样做，我不会像今天这样心满意足。如果我有女儿，我能把这种心满意足传递给她，想做到这一点和我的收入不无关系。年轻女性总是在一些备受感动的时刻被劝说不要说废话，只需承认自己是美丽的。这就像告诉抑郁症患者去呼吸新鲜空气一样，一点帮助也没有。这种理论结构，是一厢情愿的现实世界的翻版，在这种理论结构中，女性可以放下一切——完全放下，以至忘记她们的日常生活是否轻松快乐，而且这种轻松快乐完全建立在男性对她们的性价值评价上。这无关浪漫，而是关乎人在被服务时的礼貌程度：男人在与你交谈时是否看着你的脸；你是否拿着过期的车票通过了人工检票，还是需要支付60块钱；电梯坏了，路人是否会帮你搬婴儿车。

当我说我以前很丑的时候，我知道，这并不是我真正想说的，我这么说只是为了惹恼我的朋友们，让他们对此强烈反对。我并不是长得丑，只是对我平日里碰到的男人们来说，性价值少到不配让他们好好对待我。今天的我看起来比过去好不了多少，只不过更普通，更无害，更容易湮没在人群。但我也确实受到了更好的对待，我可以靠卖弄风情通过人工检票；只要我愿意，在世界上任何一个机场，我都不必拎着行李箱爬楼梯；男人们开始和我没话找话。这是过去10年中发生在我身上的一切事情的综合结果，但也与我的头发有多闪亮、皮肤有多白净、嘴唇有多丰满、胸部有多大很有关系。

只要我们做得正确，那么还有一代、最多两代女性需要做整容手术。我不知道这种观点算特别愤世嫉俗还是特别天真，但一定是这两种情况中的一种。如果人们把这些手术都看作达到满意状态的一种方式，比如在生活中为女性树立一个好榜样，那么到了某特定时间点，就不会再有女孩在成为女人后觉得自己需要改变身体了。当最聪明的女性表现得好像这些自我憎恨实际上都是由娱乐和电影业发明并发扬的时候，我总是一次又一次地感到惊讶，难道没有针对40多岁的家庭主妇的产品，让她们看起来尽可能地接近现行的美丽标准吗？

我认为，社交媒体上关于标准和压力的集体叙事已经根深蒂固，因为相比于扪心自问：和你一起长大的女性，以及你现在成为的女性，与你心中理想的美丽女性有什么关系，指向一个模糊的观念实在是太方便了。是的，我们的母亲也只是她们母亲的孩子。但如今，一些和凯莉·詹娜（Kylie Jenner）同一时代的女性、一些开车去打肉毒杆菌的女性也正在成为母亲。

眼下注射祛黑眼圈针剂几个月后，我在翻看自己的儿童相册时突然想到：儿童相册的封面应该是一张儿童的照片啊！当我翻看自己十几岁时的照片时，我突然看到了6岁的自己。照片上的我坐在父母的电脑前，咧着嘴大笑，刘海一绺一绺地垂在额头上，脸圆圆的，眼睛下面挂着我一直都有的黑眼圈。我盯着照片看了几分钟，生平第一次觉得自己是个可爱的女孩。我突然喜欢上了自己圆圆的脸，也喜欢上了自己的黑眼圈。也是在那一刻，我意识到我可能一辈子都无法相信自己的判断了。我本以为，这张照片是我能够毫不犹豫注射祛黑眼圈药物的证明，毕竟我在孩提时代就已经饱受黑眼圈之苦。但在那一刻，看着这张照片，我意识到，我对自己几乎一无所知，我不知道自己是什么时候开始以及为什么不喜欢自己的外表。我不是对黑眼圈有意见，而是对自己有意见。

这让我突然意识到，说我小时候就有外貌问题是多么荒谬。小的时候我肯定不会注意到眼下的皮肤。但是最迟在十几岁时，我开始认为自己是个糟糕的孩子。我把照片放在一边，上网搜索黑眼圈下注射的玻尿酸需要多长时间才能吸收。我既不觉得羞耻，也不觉得难堪，而是既兴奋又冷静，因为我了解到关于自己的一些情况，却暂时不知该如何将它嵌入自我形象中。我犯了一个错误，而这个错误正是那些怒气冲冲的男人和年过六旬、忧心忡忡的女性主义者一直在警告不要这样的。我的努力没有让自己看起来更好，而只是更不像自己。我想做一个比我必须做的女人更好的女人。

29岁的我肯定还没有到这样的人生阶段：回顾自己的成长历程时感到无比遗憾，并亡羊补牢般地制定新的生活规则，感叹要是以前按照这样的规则生活就好了。今天，我更快乐了，我的生活更轻松了，因为我看起来和几年前不一样了。但是，如果今天让我再次决定是否花钱做整容手术、注射和医美，尤其是花钱在那些我总是不小心打碎的玫瑰石英石上，我应该会决定算了吧。以我今天所掌握的信息来看，我会把所有的钱都投资在心理治疗上。只有当我能够像几乎每个人，尤其是每个女人那样确信地说，我曾是一个可爱、完全没有任何问题的孩子时，我才会允许自己改变外表。只有到那时，我才有可能客观地评估，自己的外表需要做些什么改变，以便让自己更加心满意足。

我本想成为一个不需要任何帮助的、自信满满的女人，同时也希望自己在成长过程中没有心理创伤。实际却事与愿违。我心中某个奇怪的地方（要么特别愤世嫉俗，要么特别天真，不知到底是哪一个，但肯定是两者之一）认为，今天我对自己的想法和感受是我应得的。

在等待中成长

我曾经为自己是一个"老灵魂"[*]而感到自豪，但我并没有意识到，这仅仅意味着，和其他未成年人相比，我惹恼周围成年人的次数更少。后来，我发现自己比同龄人更加成熟，而这种形容只有从年纪比你大得多、想在半勃起的状态下向自己和全世界证明，为什么他们会被一个和自己女儿一般大的女人所吸引的男人口中听到。我和其他同龄女人也不一样，对别的女人来说，这种话是导师或老师在遇到和成年人一样聪明的少女时会说的。

这些说法都是成年人将自己的部分责任转嫁给孩子的不同方式，并以孩子看起来并不像个孩子来为自己辩解。在最坏的情况下，它们是许多男人对

---

[*] 老灵魂通常用来形容那些思想、心理年龄远超同龄人的人。

年轻女性侵略性的轻视——他们渴望她们，又不把她们当回事，这就是老生常谈的父权制下的情欲问题。男人要解决这种与生俱来的侵略性，要么对自己矛盾的欲望刨根问底，要么让你渴望的每个女人都变成例外。她可能刚满17岁，但是对她的年纪来说已经十分成熟，那么就是"系统中的漏洞"。

今天，我不得不扪心自问，我在当时这个年龄时，到底有多成熟，以至于成年人会把成年人的事情强加给我。我像成年人一样被调戏，像成年人一样被羞辱，像成年人一样被吼叫。这些事情塑造了我，也许是因为我很快就像周围的人一样强烈地相信自己是这些数量众多的年轻女性中的一员，而在陈旧观念中，她们根本就不存在。这些"例外的女人"雷厉风行、幽默风趣、吵吵闹闹，而且固执己见。我并没有习惯于"女人也可以有这些特质"的想法，反而成了众多例外中的一个。我有点如释重负了，就像经历了多年的身体折磨之后，终于从医生那里得到诊断结果时那样。你可以把自己纳入一个更小的群体。我发现我与同龄的其他女人不一样，这感觉很好。

作为孩子，你会本能地信任成年人。不仅是你的父母，还有老师、体育教练、邻居和叔叔。对于孩子来说，不信任自己认识的成年人，是违背天性的。成年人其实应该知道这一点，所以用一个拙劣的借口来让孩子们承担这些大人的事情，这很荒唐。我一生中大约有三分之二的时间都是以一个所谓的"老灵魂"身份生活，我可以说，对孩子们说这些话的成年人，要么比孩子们笨得多，要么在内心深处就不是什么好人。这两种人我都见过，他们占的比例差不多。

很难准确描述你的行为如何与众不同，你在青春期的哪些时刻做出了与其他人不同的决定，但基本感觉可以概括为：你在孤独地等待，等待自己的人生在某个时刻真正开始。你相信周围的成年人说你在某种程度上和其他人不同，对此深信不疑，直到觉得自己必须找到一个与其他人不同的地方。

男孩在什么情况下会听到这种"伪赞美"呢？我想了很久，只想出赞美被滥用这一种情况。我认识无数女性，她们在童年或青春期都听过一些类似的"赞美"。

在我的一生中，没有一天是真正的18岁，也从来没有过24岁。我不知道18岁是什么样子。我知道刚拿到驾照的感觉，知道向学校请假的感觉，也知道在任何年纪都要面对各种非自己过错造成的后果的感觉。除此之外的一切，我都以不感兴趣为由避而不谈。我不后悔任何一次染发，不后悔任何一次糟糕的性爱，也不后悔任何一条令人尴尬的社交媒体动态，但当我想到自己浪费了大把青春时光，成为比我大5岁、10岁、15岁，甚至20岁的男人的附属品，以应对他们潜在的人生危机时，我就觉得恶心。他们大多数时候甚至都不吻我，我不知道这让我感觉更好还是更糟。和这些男人的每次见面都可能出现越界行为，而且不是由我决定的。大多数时候，这些男人希望我在他们身边，以提升自身的价值。他们身边的人恰恰是最能给他们带来认可和最不需要尊重的那类人——年轻女人。

我已经迫不及待地想脱离年轻女人的身份了。我兴奋地感受着环境的变化，它缓慢而坚定地更改了我身上的所有特质，这些特质让14岁时的我成为好色的成年男人眼中的"老灵魂"。那时候，我对权力一无所知，不知道自己是谁，不知道自己需要什么，更不知道自己真正想要什么。如果男人需要向外界证明自己不是一个有滥用权力倾向的变态，我身上就有他所需要的一切，因为我和其他同龄女人不一样。今天，我仍然拥有这些品质，但它们在我周围人眼中的意义正在缓慢而坚定地发生变化。我仍然是一个年轻女性，一个被严重低估、被高度迷恋的女性中的亚群体，因为还没有被认真对待过，所以被放任，可以做很多事情。我有时会入迷地观察年轻女性是如何被对待的，如何在日常生活中被抚慰和照顾的，然后我惊恐地意识到，我也是她们中的一员。

年龄的增长对男性和女性的意义有着本质上的不同，这与年轻女性不顾一切地相信"年轻女性是世界上最伟大的存在"这一巨大的人生谎言不无关系。其实，几乎没有任何东西可以支持人们成为一名年轻女性。作为年轻女性，你被低估、被轻视、被虐待，而且不被重视。你无法在这个世界上畅行无阻，而且那些编造了"年轻女性是世界上最伟大的存在"这一宏大叙事的人和大多数年轻女性一样，对这一点深信不疑。年轻女性，正值青春年华的女人，存在于文学的世界和高雅的文化中，存在于艺术和学术中。此类叙事完全来自那些好色的老男人，他们想在女人刚开始发育后就夺其初夜，因为他们觉得，无论如何，试图把一个女人视为一个完全成熟的伴侣是荒谬的，等待年轻女人成为一个真正成熟的、有自我意识的女人对他们来说完全没有任何附加价值。在这些男人的眼中，年轻女人第一次排卵后没有和他们交欢的每一天，都是失落的。

作为一名年轻女性，意味着要不断挣扎，以摆脱这个世界对你的期望，因为这个世界已经宣布你是"恋物癖"的合法对象。

因此，当人们一遍又一遍地讨论，为什么和女性相比，男性越老越有魅力时，最明显的答案却被忽略了，事实上根本就不是这样的。没错，乔治·克鲁尼（George Clooney）看起来比25岁时更好，但朱莉娅·罗伯茨（Julia Roberts）也是如此。关于女性花期太短、最迟在30多岁就已过巅峰期的说法，是建立在"女性都想永远18岁"这一伪命题之上的。女性在30岁左右就开始走下坡路的说法已经深入人心，这实在是太荒谬了。我见过很多这个年龄段女性的裸体，可以说这是完全不正确的。

身为女人，我很高兴，但是我并不想做年轻女人。我想在酒吧里被男人忽视，享受难得的清静，我不想继续做一个崇拜物。但我最想要的，是女性不要再相信关于生命花期的无稽之谈。我错过了自己真正的18岁，因为我身边的男人认为18岁实在太棒了。我害怕真实情况是，许多女性会在不必要的情况下花太多时间纠结于自己年轻与否。

男性的认可似乎是自我价值的缩写，或者说是一种相对现实的幻觉。我不知道为什么"雌竞"这个词会在互联网上流行起来，而这个现象本身更多地针对女性，且由女性来讨论。接受另类女孩潮流的主要是成年女性，有个词叫作"那个女孩"（that girl），是展现大学生活或第一份工作时的生活方式的口号，这是一种所有日常活动都是为了成为理想女性的生活方式，比如居家健身、冥想、阅读励志书籍等。除此之外还有"极简女孩"（clean girl），她们用完美的发型和精致的美甲模仿旧时代的审美观。还有"温暖女孩"（warm girls），她们用自己的同情心定义自己，在朋友中扮演母亲和照顾者的角色。还有"野性女孩"（feral girls），她们有点疯疯癫癫，不太在乎社会的期待。还有"酷女孩"（cool girl），她们似乎既会穿舒适的裤子，又会"自暴自弃"。酷女孩也许是"雌竞女孩"的随意版，她们穿着牛仔裤和宽松的T恤，看起来可爱极了，她们在约会之夜和男朋友讨论邻桌的女人有多性感。所有这些女孩类型都有两个共同点：第一，女性将实现某种具体生活目标视为一种生活方式，而这种目标远不止做一个友好、热心、热情的人这么简单；第二，女性无比珍视自己的年轻，因此在自己20岁的尾巴上仍然自称"女孩"。严格来说，"雌竞女孩"并不是问题所在，让我害怕的是"雌竞女人"。

永远少一条裤子

进入青春期的那天，我开始对裤腿的长度感兴趣。十岁多的时候，我对夏威夷短裤有着令人捉摸不透的兴趣，可能是因为我是《海绵宝宝》里呆萌的派大星的忠实粉丝。派大星穿着绿紫相间的短裤，上面有模糊的花朵图案。记忆中，我穿过的哥哥和爸爸的旧游泳短裤中就有这样的，但我的一小部分大脑担心，这是一种自我保护行为。事实可能是，在我10岁或11岁的时候，我像个十足的白痴一样站在泳装店的男装区寻找带有花朵图案的短裤，和陪伴我多年的卡通人物穿的那条一样。

我把夏威夷短裤提到腹部中间的位置，让裤子正好在它滑落到的地方，略低于肚脐，但绝不是臀部最宽的位置——我还没有到想要强调每一丝女人味的年龄。我也不是特别爱慕虚荣，这一点从我穿夏威夷短裤就可以看出来。我有一个不羁的女性朋友，我们住在同一个城市，她比我大两岁，年纪相仿让我们俩似乎真的很合得来。我们都知道，我们两人迟早会有不同的追求，会让真正的友谊化为泡影。

我们躺在她的房间里，聊着关于男生的话题。几个小时后我站起身来，在我离开房间之前，她开玩笑地说："索菲，把你的裤子再往上提一点。"我咧嘴笑了笑，因为我觉得她是好意。在回家的路上，我把短裤拽到了能拽到的最低点，也就是肚子下面，裤腰微微压到我的臀部，毕竟，裤子还不够宽，它不能因为我改变了对于时尚的想法，就跟着可以正好卡在我身体最宽的地方。我没有想到要买新裤子，我的想法是：我的身体必须适合我的衣服，不可能反过来。

在接下来的几年里，我都把裤子穿到臀部的位置，从未改变，这在当时是最时尚的穿法。

艾薇儿·拉维尼（Avril Lavigne）穿着酷酷的宽大工装裤，给她略显中性的苗条身材增添了有趣的女人味。凯拉·奈特莉（Keira Knightley）穿着牛仔裤走红毯，牛仔裤的裤腰非常低，以至于拉链还没有小拇指长。布兰妮·斯皮尔斯（Britney Spears）穿的裤子刚好到耻骨上方，每个青春期的女孩都想知道，布兰妮究竟是如何做到身上如此光滑的，毕竟按照生物书的说法，正常人的那个部位即使是脱了毛也会有一片清晰的毛茬。

每天早上穿这条裤子时，我都要努力寻找一个足够低的位置，既要时髦，又要确保我坐下来时不用为了提防露出屁股沟而把裤子往上拉。结果我输掉了一场本不该参加的比赛，我用好莱坞明星和歌星的身材来衡量自己的身材。我把自我价值与我正值青春期的身体能穿进多少身材苗条的成年女性的衣服联系在了一起。我经常穿这些衣服，以免被指责毫不时尚，但我越来越多地选择了更合身、更舒适的衣服：连衣裙、短裙、宽松的毛衣、长款T恤等。我开始怀疑这种裤子不适合我，我的身体并不想适应任何貌似是时代潮流的东西。当我突然穿上裤腰超过肚脐、拉链有整个前臂那么长的裤子时，我的体重已经达到了一个新的高度。我只是庆幸能将身体尽可能多地隐藏在牛仔裤里。

大约两年前，一切重新洗牌。贝拉·哈迪德（Bella Hadid）和肯达尔·詹娜等顶级模特的身材条件，与凯拉·奈特利或艾薇儿·拉维尼当年的身材条件基本相同，都是苗条、挺拔、略显中性，但她们开始穿又大又肥的裤子，这些裤子能挂在臀部不掉下来，全靠一根细细的腰带和运气。这就是"千禧年时尚回潮"，它主要是以瘦为美的回潮、向瘦致敬的回潮、公开希望再次变瘦的回潮。尽管"尽可能少占空间"的想法一直存在于人们的潜意识中，但当人们终于可以公开表达出这一愿望时，所有人都松了一口气。

几年前，我不再为自己喜欢买衣服而感到羞耻。

"购物"是让人恼火的热门词汇：在缺乏想象力的喜剧演员大声讲述着他们伴侣的尴尬笑料时，"购物"被提起；在浪漫喜剧中，"购物"被歪曲；在女主角无论穿什么都永远看上去光鲜亮丽的电影中，"购物"被流行文化不断重复。

很少有比"购物"更无脑的词汇了，它听起来像是喉咙中风了一样。在我的生活中，我经常用更无伤大雅的描述来代替它，比如我"交易"了，有时候需要"下单"，如果有必要，我也会去"逛逛"。在任何情况下，我都不想让更多的人知道，事实上的我想在休息日悠然自得、毫无顾忌地站在多家商店的模特面前,仰着头问自己,模特身上的衣服是否能让我成为一个全新的女人。

从我会花钱起,我就开始买衣服。我买衣服不是为了让自己感觉良好,而是因为我想让自己感觉不那么糟糕。买衣服从来都不是为了清楚地向世界展示我是个什么样的人,而是为了给世界尽可能多的补偿,以弥补我无法随心所欲地改变自己的事实。

当我为自己太假小子而尴尬时,我就买衣服。有一次,在我20出头的时候,我买了宽松的工装牛仔裤和宽松的毛衣,因为当时我的感情生活正陷入一种无聊的家庭生活模式,我觉得自己即将成为一个我永远不想成为的陈腐女人。我总是在感觉缺衣服的时候买衣服。因为我不断地有缺衣服的感觉,所以我总是不停地买新衣服。

我第一次感到缺衣服时至多11岁,从那时起,我开始有意识地"需要"衣服。我把圣诞节或生日时得到的钱花在H&M的裙子、T恤和裤子上,买回来后在家里恭恭敬敬地穿了好几天,才敢穿出去见人。一方面是因为新衣服弄脏的风险超出了我的想象,另一方面是因为我很早就相信了女人应该相信的一个重大承诺：新衣服不仅仅是新衣服，而是向世界展示我与几个月前完全不同的唯一方式。穿着新牛仔裤上街，对我来说，这不仅仅是穿上一条新牛仔裤的一天，而是我的世界里一个全新自我的开始。

我青少年时期的着装细节并不重要，我也曾像其他女人一样迷恋亚文化，一会儿穿得像我崇拜的歌星，一会儿又想学我姐姐。我坚信，我内心的每一个细微变化都必须同时伴随着外表的彻底改变。我不仅在每一个"快时尚季"（Fast-Fashion-Season）都要展示出一个近乎全新的自己，我还坚决摒弃自己过去所有的穿搭。对我来说，个人发展与花钱买衣服、化妆品密不可分，而那时我甚至还没有自己赚过钱。

购物受到所有工业化国家中所有文化群体的营销机制的鼓励，即一个女人性格的核心部分是什么，只能通过她购买的东西来了解。大多数女人购买的东西都是和她想成为的女人有关，是把现在的自己甩在身后的保障。如果没有这种女性心中的集体预感，就不可能有香水广告。如果没有成为更感性、更性感、更美丽、更放松、更酷、更聪明的自己这一持续不断的愿望，香水广告就只会是无休止的长镜头，展示着女人穿着鸡尾酒裙在沙滩上漫不经心地奔跑。但事实上，我很清楚这些广告在表达什么，也很清楚如果我喷了这样的香水，什么样的男人会和我上床。全世界的女性都能接收到这样的信息：我们在容貌、性格和气质上都有一些缺陷，但是有无数的产品可以在短时间内掩盖这些缺陷。

我对那些把大部分空闲时间都不理智地花在购物中心和药店的少女群体了解颇深。在这些地方，年轻女性得到的信息是，除了自己现在的样子，她们可以选择成为更多版本的自己。我年轻时在快时尚连锁店那些气派的试衣间里试穿过的衣服，没有一件是出于自己的喜爱。我之所以想买下它们，只是因为它们声称可以掩盖我真实的样子。有时，一篇网文、一个网站、一则广告或一部电视剧会让我在短短几天或几小时内确信自己需要某件衣服或某种风格，这种"马上就要"的紧迫感让我难以忘怀。时至今日，只要在网飞上看到一部好看的电视剧，里面的女主角美艳动人，在我看来酷得无与伦比，我就会想烧掉衣柜里所有的衣服，再也不和原来的自己有任何瓜葛，只想变成这个让我惊叹的女人。

当你不喜欢现在的自己时，很容易就想成为别人。当你不知道自己是谁时，成为别人就更容易了。人们在20多岁时经常有一些可悲的想法，"不知道自己是谁"就是其中之一，却很少说出口，因为这听起来像有一种"为赋新词强说愁"的自恋。每当这句话对我的影响又更进了一步，我都会买一件新衣服。如果我觉得自己不够有女人味，我就会买黑色高跟鞋；如果我觉得自己女人味过浓，我就买一条快要从臀部掉下来的男式牛仔裤。与之相对的另一种想法，即认为衣服本身并没有那么多意义和价值，我也并不完全否认。每天，我都能感受到，我穿着的衣服和压根没有穿的衣服，无一例外都被满大街的人赋予了很多内涵。没有哪件衣服是我穿上之后，所有其他衣服就完全黯然失色了的。当我对自己的生活有了这样的认识后，我就再也放不下寻找一件完美衣服的念头，这件完美的衣服可以告诉世界，我愿意相信自己是什么样的人。

衣服在我的生活中越重要，我就越感到羞愧难当。我羡慕学校里那些告诉我她们一会儿要去逛街的女孩，因为我隐瞒了我和她们一样喜欢谈论衣服的事实。我之所以隐瞒，是因为我坚定地认为，所有这些女孩子气的、和购物有关的、肤浅的东西配不上我，我是脱离了低级趣味的。我以为人们会相信我说的，那些和我穿一模一样衣服的人是在别处买的，我的衣服是别人送给我的，或者是我在去书店的路上，在商店的橱窗里偶然看到后，顺便买下来的。我知道我想给谁留下好印象，只是不敢去想我到底有多大可能会成功。

买衣服就像是在积累关于自己的秘密知识：我的身体看起来是什么样子、可以看起来是什么样子、我认为自己该有怎样的感觉。今天，我看着自己的老照片，就可以回忆起我穿过的每一件衣服，回忆起我是什么时候、在哪里、在何种情况下匆忙买下它们的；我怀着怎样的期待、想要满足自己怎样的愿望；我买下某条牛仔裤时是被谁伤透了心。

我记得我买过的每一条裤子摸起来是什么手感，我买的衣服就像一面镜子，反映出我想让自己感觉良好的意愿有多强烈。我还记得那些紧得抬不起手臂的衣服，每走一步都往下滑一点的连裤袜，每次穿上都把我的脚后跟磨得鲜血淋漓的鞋子，把我娇嫩的皮肤磨得生疼、直到晚上才看到锁骨处磨出一片红疱的T恤。一想到我在相对短暂的一生中拥有过无穷多的衣服，我就感到难受。多少次在市中心花好几天时间匆忙寻找一件衣服时，我都以为，它会让我成为我即将成为的那个完美女人，现在想来只让我觉得尴尬。当我走在街上，从橱窗的反光中看到，我身上的衣服和想象的不一样时，直到我回到家脱掉衣服的那一刻，我的心情都非常糟糕。

11岁也是我开始一包一包订购衣服的年纪。现在，每当我想家时，我也会这么做。这种成年人会有的想家的感觉，不是想念父母的家，而是渴望一种孩子般的、疯狂的、时间停滞的状态。我订购的包裹里装满了我希望穿上就能变得很酷的衣服，或者在我居住的那个死气沉沉的村子里根本没有理由穿的衣服。我不想购买它们中的任何一件，但我想拥有买下它们可以带来的生活。包裹是在我上学时寄到家的，邮递员总是在早上过来，所以我没办法瞒住妈妈。当我回家时，他们站在通往我房间的楼梯上训斥我，我感到羞耻，却不知道究竟是为什么。我是在那些希望自己与众不同的女人身边长大的，她们非常朴实无华，自己剪头发，不爱化妆，还嘲笑那些去美容院和化妆的女人；她们很少买衣服，或者至少表现出很少买衣服的样子。理论上说，我即将成为那些她们不愿与之打交道的女人之一。我明白了时尚对我和其他人的巨大诱惑，它承诺可以减轻我们对自己的憎恶，而这种自我憎恶我已经感受到了；时尚广告承诺可以减轻我们身上所有的缺点，而这些缺点我也已经意识到了。有一些东西能减轻我的羞耻感，而让我感到羞耻的是：我和其他女人并无二致。

幸运的话，你会在生活中遇到很多肤浅的女人。她们会谈论自己的新手袋，在餐厅里走到邻桌的女人身边，问她在哪里染的眉毛。这些女人如果对自己最近一次剪的头发不满意，会说上好几个星期。如果你遇到许多这样的女人，你就会了解到一些关于肤浅的事情。首先，肤浅未必就没有深刻。反过来说，不肤浅也绝不能证明深刻。你很容易就对那个你认为买件大衣或换个发色就能变成的"新的自己"产生浓厚兴趣，同时你的想法却远不止于此。这似乎是一个众所周知的事实，但作为一种信念，它在许多女性（当然尤其是男性）的心中根深蒂固，以至于人们严肃地认为，不应该重视服装和化妆品。当然，这与肤浅无关，而是与女性特质有关。接触一切女性化事物是有罪的，那些对女性化事物感兴趣的人，之所以对女性化事物感兴趣，似乎是因为他们的女性化还不够多。一切由男性塑造并带有流行文化色彩的事物都被认为是复杂的，这是一种特权，无论它是否真的复杂。按照刻板印象的说法，男性化的东西是高智的，女性化的东西都是低智的。足球比赛中的越位规则简单得可笑，但在20世纪的无聊笑话中被说成是复杂的，因为足球是男人的爱好。可笑的是，事实上，比起理解越位规则，找到一支与自己眼睛颜色相匹配的口红要困难多了。

作为一个成年人，大部分时候我都想对青少年撒谎。我想对他们说："再过几年，你就会意识到，你现在这样很好。"然后我就想，他们会相信我的话，我就是那个让他们少受几年苦、少发几年牢骚的人。而现在我觉得，我说这些话是因为自己渴望听到这些话，就像当你感觉到自己即将和伴侣分手时，你会给他更多的、满满的爱。今天，我喜欢听别人说我这样很好，因为我已经长大了，就算知道这是谎言，也不会因此而精神崩溃。而在青少年时期听到这句话对我一点好处都没有，因为当时的我完全活在自己不够好、不够美、现在这样完全不够的想法中。但是，成年人喜欢向青少年说这些有教育价值的谎言，这些谎言描绘了一个比真相更无害、更无意义的世界。甚至可能有很多成年人不断告诉过我，我这样很好，而我总是选择性地听不见这个谎言。

时至今日，我遇到人生危机时的第一反应就是花几个小时在Pinterest网站上寻找一些女人的照片，我想购买她们身上的同款衣服，希望和她们互换身份。我拥有的大部分衣服，在购买它们的时候就怀有这样的想法：让这些衣服能够向世界展示自己的新气质。当人们夸赞我穿的衣服时，我就会暗暗觉得，我成功地把自己打扮成了我想成为的那个自己，而我知道，我其实并不是那个自己。几年前，比莉·艾利什在一次采访中被问及如何形容自己的风格，她只说了一句话：扮演比莉·艾利什。

"不作"的女人

我怀念那个只要和其他女性不一样就能得到认可的时代，我怀念异性恋关系中弥漫的微小的温情，男人假装从未见过像她这样的女人，只为换来一个最不"作"版本的她。我怀念努力理解所有与我的自我价值观直接冲突的自我实现形式，只是为了说服自己，无论如何，我的自我实现形式都与我伴侣的幸福息息相关。我怀念在与女性朋友聊天时，假装自己不必为自暴自弃找借口，而我的女性朋友则假装她们已经做了几十次同样的事情，是个真正的"老手"。尽可能扮演好自己性别中最平庸的刻板印象，内心的感觉比外表看起来更令人兴奋。在这场游戏中，你不可避免地会对任何过于接近你的人产生紧张、戒备、暗恨、悲伤或轻视，这些感觉都让人兴奋不已。这一切并不特别，我所认识的大多数曾经或仍然爱着男人的女人都有过这样的经历。

女人都是"雌竞女孩",因为"雌竞"很容易,比思考自己究竟能成为什么样的人更容易,也比正视别人为什么会对你做那些事更容易。

直到25岁左右,我才发现自己对一切都不感兴趣,当有人问起我的爱好,或者闲暇时我喜欢如何打发时间时,我的语气就像一个尝试填写同学录上问卷的二年级学生。我说,我的爱好是读书和交朋友。但我很早就知道,我其实并不特别喜欢和朋友聚会。我深爱我的朋友们,但是面对面围坐在一起聊天,是我每段友谊中最不擅长的部分,至今仍是这样。当被问及我的爱好时,我不得不说一些通用的谎言,因为真相"我根本没有任何爱好"听起来很奇怪。有些事物不存在于你的生活,如果有疑问,你仍然可以以某种方式进行讨论。我与家人没有什么联系;我没有自己的公寓;我没有工作。

"我没有爱好"这句话听起来很可悲。如果想让它听上去合理一些,最多也只能说因为工作太忙,所以没有时间培养兴趣爱好。如果你不像一只小蜜蜂一样在办公室里待到深夜,在别人问你想做什么的时候，你应该提前准备好一些答案，哪怕只是善意的谎言。那时，我根本没有想过兴趣爱好这个问题。无论如何，我的时间也在飞逝。事实上，像许多异性恋女性一样，我迟早会接受伴侣的爱好，虽然不一定充满热情，甚至没有真正的兴趣，但我基本上都是这样做的：我站在冰球场上冻得瑟瑟发抖，大部分时间都在找球；我在游戏网站上玩无聊的游戏；我开始尽可能多地接触Photoshop，学摄影；有一次，我甚至去徒步旅行。我交往过的男人中，没有一个强迫我接受他的任何爱好。然而，恋爱中的闲暇是一场非常温柔的分配战，获胜的通常是论据更充分的一方，而我连论点都没有。我把闲暇当作一种麻烦的资源，因为理论上我可以做任何我想做的事，这让我觉得不知所措。我知道我渴望有一起度过的时光，我觉得如果尽可能少地阻碍我的伴侣，我就会是最实际的女朋友。

在我的第一段恋情中，我试图成为一个与唠叨型女友截然相反的类型，唠叨型女友会贬低伴侣和他的爱好，当伴侣在一周的工作后只想放松一下时，她却让他心烦意乱。所以我选择去体育场、坐在电脑前，或者去树林散步。每个女人都或多或少地存在占用空间的问题，对有些人（比如我）来说，在生命中的某些阶段，这种问题非常严重，以至于我甚至不想占用自己的空间了。即使是想要一个人待一会儿、一个人计划点自己想做的事，也会占用空间，因为最后的结果是，我可能会和别人一起去做，做的是别人也想做的事。

女性在孩提时代就被培养成潜在的会照顾人、会关心人、善于交际的人，而男性则被培养成与这一切相反的人。如果男孩占据了女孩放弃占据的空间，他就会得到奖励。我认识的大多数男人都会本能地疯狂占据大量空间，他们不会优先考虑他人的感受，也不会考虑是否应该分享或完全放弃这块空间。就像我在人际交往中会本能地按照朋友们的要求去做一样，男人也本能地决定，自己可以做什么。我感觉很好，因为我可以作为一个不作的女朋友伴其左右；他感觉很好，因为他终于可以实现几乎不可能实现的男权主义理想，拥有毋庸置疑的决定权。没有人真正感到幸福，但至少在此期间，时间被打发完了。

如今，"男人喜欢不作的女人"这个论断让我感到不安，我从未听说过女性希望对其男性伴侣有如此期待。这种期待实际上是希望与自己共度一生的人尽可能少地提出反对、尽可能多地付出劳动，总之，尽可能毫无声息地融入自己的生活，不留任何痕迹。我曾无数次努力让自己变得不作，而这最终给我带来的唯一意义是：不给自己的需求留有任何空间。很多电影、电视剧和真实的情侣身上都在上演理想的"不作"女友。我不知道我是不是见过太多，但那时我脑子里就萌生了一个一厢情愿的想法，那就是我永远不会做一个拖着伴侣参加聚会、周末强迫他陪我逛街，或者因为我还没打扮好而让他等我20分钟的女友。我从来没有停止过我认为自己不想要的爱好，而是一直在思考一个基本问题，即我到底需要多少时间、关注和平等，才能让我不被不开心淹没。这就是我的目标：不被不开心淹没。虽然我从未被任何伴侣、老板、最好的朋友或亲戚主动要求不作，但从我已有的经历中知道，作的女人同样也被认为是成功和有趣的，大多数男人都能忍受她们。

　　快到30岁的时候，我开始考虑自己在闲暇时想做什么。我知道我不想打冰球，也不想徒步旅行。我还知道，任何人、任何法律的修订、任何转给女性的配额的增加，甚至一个涂指甲油就是为平等做出了贡献的男人，都不会对我超越现在的自己产生任何帮助。这是一件必须自己独自完成的事情，一切都比你起步的状态更糟糕、更不舒服。这是摆脱困境的唯一办法，听起来像是女性主义"缩水"：许多女性并没有为过上精彩的生活付出努力。正是这些女性在少女时代就被灌输了这样的思想：妻子、女儿和母亲都是家庭的灵魂。如果你的生活要靠与他人的关系来衡量，它能有多精彩呢？

当我开始培养兴趣爱好时，我意识到要超越自己是一件令人无比疲惫的事情。这听起来平庸得难以置信，毕竟小时候的我是有爱好的，小时候我可以心无旁骛地阅读厚厚的书籍，或者在电视机前入迷地坐上几个小时而丝毫不觉得无聊。我在某个时候丢失了这些能力。有希望与其他女人不一样的女人，也有表现出所能想到的最引人注目的女性气质的女人，当我试图成为介于二者之间时，我怀念我所丢失的一切。

与其说"女人"是一种身份，不如说是一场变装秀。今天，我对每一个坚持扮演这些角色的女人有了更多的理解。我越是扪心自问作为女人的真谛是什么、她们身上隐藏了哪些真实的东西、她们扮演了什么、故意忽略了什么,我就越不知道性别是否只是一个平庸乏味的结构,无论我们如何努力地与众不同或与他人相同,都只能沿着性别画好的轨道走下去。

  我不仅惦记我本来会成为的那个女人,我还常常怀念我曾经是的那个女人。

  在过去的几年里,我尝试过辨认哪些女性特质是真正属于我的,哪些只是被训练出来的。我中断了一些事情,后来又想重新开始。我对自我进行了梳理,希望自己最终还是一个完整的女人。

吸引力

20岁出头的时候，我知道自己还很年轻，但多年后我才意识到自己当时不仅年轻，还很愚蠢。20岁出头的时候，我不安地意识到，与其他女同学相比，我受到性骚扰的次数要少得多。我看着我的女同学们忍受着不愉快的谈话和猥琐的赞美，我看得出她们并不享受这种感觉。每次发生这些事情后，我们都会长时间地讨论，被骚扰的女人不想知道关于骚扰者的任何事情，而作为骚扰者的男人却无视这一点。这是多么无耻，多么令人厌恶！虽然当时的我和现在一样，明明知道这一切有多恶心，但在关乎男人的事情上我一直缺乏自信，这种自我怀疑已经深深地渗入了我的潜意识，以至于我开始暗地里对我的女性朋友比我更经常受到骚扰而耿耿于怀。

我和我的朋友们都在学习政治，并且已经知道性别只是一种结构，但同时我们也是20岁出头的年轻人，周五晚上我们有可能在昏暗的地方隔着裤子用耻骨摩擦陌生男人的大腿，但我们知道，我们不能和女性主义朋友一起去做这样的事，这太复杂了。也许更重要的是，我们的内心不想这样做。一进酒吧的门，保安就称呼我们为"小甜甜"，我们嫉妒那些有文身的女调酒师，她们吸引了在场所有男人的目光。我们去的时候就知道，整个晚上，我们极有可能至少要和男人尴尬互动一次。但我们才20岁出头，正在进行一项比赛，一项20岁出头的女性主义者极力否认她们会参与的比赛：吸引男人的注意。没有人承认她们在计算分数，但所有人都知道每个时刻的比分。

这个比赛的规则是：男人每对你示好一次，都算作一次积分。无论是与同学亲密调情，是40多岁的醉汉想请你喝一杯，还是教授当着200多名学生的面，在阶梯教室油腻地表扬你；无论是有人给你发阴茎的照片，还是在毫无安全性可言的舞池里抓你的胸部。虽然这只是个游戏，但是背后隐藏着更深的含义。我们都知道，我们假装可以臆想出一种平等,并不是想要找出谁最美。这个比赛远远超出了"谁最美"的问题,我们都是20岁出头的年轻人,在过去的10年里,我们已经明白,你有多美根本不重要。

这也许是女性主义者开始相信的最大、最让人疲惫的谎言,在过去的几年,甚至几十年里,女性主义一直在试图解决一个并不存在的问题,但都没有成功。女性追求的从来都不只是美丽,而是可爱甜美、温柔克制,任何时候都愿意示弱,对占据空间不感兴趣。好莱坞美女可以站在舞台上,严谨而清晰地阐释论点,但此时她的价值还不如一个普通的有魅力的女人,因为后者随时都会因为男人开的每一个玩笑而仰头大笑。所以,我们不是要去发现自己有多美,而是去发现自己有多少种性格。

我没有受到过性骚扰,这让我很困扰。不过,这种情况也符合我成年后的生活模式:我是一个不断被爱的男人告知,他们终于找到了一生挚爱的女人。

当你发现身边的男人甚至都不屑于贬损你时,你会产生一种特殊的痛苦。这种痛苦是羞耻感带来的,因为作为女人,你知道在任何时候都要以体面回应自己被物化的事实，因为让别人物化你是你的错。而实际上，没有性骚扰并不代表有尊重，没有性骚扰仅仅意味着你看起来不够好，不足以让可能对你进行性骚扰的男人费尽心思来骚扰你。如果我无法选择自己是否会被视为一件物品，那么至少希望自己能成为一件被人认为好的物品。

当我发觉自己被性骚扰的次数还不够多时，我去了健身房。那时候，人们对美的理解还很模糊，卡戴珊姐妹还是一个笑话，而不是值得认真对待的标杆，那时候还不讲究臀部、腰部和胸部的完美比例，而只是拼命追求瘦。

而现在，我没有成功也没有堕落。在此之前，运动从未对我的外表产生过强烈的影响，我举过几年铁、在跑步机上跑过几年步，但我并没有爱上健身，也没有与自己的身体建立起新的关系。为了让自己在重复同样动作的时候不感到无聊，我就一边健身一边研究身边的女人。

当然，我去的是女子健身房。我付出的代价是两倍的路程和被迫欣赏拙劣不堪的艺术。为了让女性觉得她们确实在给自己花时间，健身房更衣室里用粉色的字写了很多空洞的词：健康、自由、舒适、生活。

在这家健身房里，我发现每个女人看起来都很奇怪，尽管奇怪的地方各不相同。她们会紧张地向上勒紧身运动裤的裤腰，让裤子平整、无褶皱地贴在身上。每周有好几次，我都会和其他女人一起赤身裸体地坐在桑拿房里。我偷偷观察着她们，看她们是如何捂着肚子或者用毛巾挡在胸前，如何在坐着的时候用脚掌点地，将大腿抬离座位的——这样，腿就显得更修长了。我看到了比我好看的和比我难看的女人，比我皮肤更光滑或比例更差的女人，比我更优雅或更不优雅的女人，但她们的动作都一样，我的动作其实和她们也都一样。随着时间的推移，我的身体似乎越来越难以影响到我的心情了。于是，至少每周有那么几个小时，当我站在"健康、舒适、自由"的更衣室里时，我不用去想，对于男人来说我是什么物品，这一点让我感到高兴。

我知道现在的我比20岁出头的我更漂亮，因为我现在经常遭受性骚扰。我已经不再玩那种把男人承认我存在的每一刻都算作一次积分的游戏了。幸运的是，我现在的生活甚至让我意识不到这些积分有什么用。但我还能注意每次尴尬的沉默。在经历了几年的冷漠之后，人们通常会对别人的目光变得异常敏感。我能注意到路上任何一个男人投来的厌恶的眼神，注意到在超市排队时，有人故意拖长音调的"你好"，我注意到它们是因为我觉得，没有它们会让我感到尴尬。20岁出头的时候，我暗自嫉妒我的女性朋友们经常被男人搭讪。起初，我并不在意发生这种事情的场合是否令人愉快。与普遍观点相反，并不是只有遇到这种情况的女性才能分辨出这是否令人不快。每一个目睹这种事情的人在听到第一句话的第一秒钟就能知道，当事双方是否感到舒服。然而，在判断什么是无伤大雅的调情，什么是侵犯行为时，男人却往往装作一窍不通，这实在令人吃惊。一个很好的衡量方法是：被搭讪的女人看对方眼睛的时间是否超过了必要时间。

我知道对方的想法，也知道他们这么做并不尊重人。在某种程度上，我总是幻想自己能一眼识别，当一个男人本来准备对我说出骚扰和调情的话，但他之所以没有这么做，是因为他觉得我不够性感。默不作声和尴尬的沉默，二者有时看起来是一样的，但给人带来的感觉从来都不一样。

我搬到了城里的一个新社区，一离开那家俗气的女子健身房，我就变得忧郁起来。在新居所的附近，只有一家健身房，男性也可以进去，我只能去那里健身了。在接下来的两年里，除了突然变得有钱之外，我的生活里什么也没发生。也许就像每个突然有钱的人一样，我比没钱时更漂亮了。我变成了那种会花30欧元买洗发水、只是为了让自己看起来像在热恋中，就去让皮肤科医生"磨"掉表层皮肤的女人。突然间，我的外表不再是一种状态，而是可以用金钱衡量的商品；突然间，我成了无限接近人们心中美丽化身的女性之一，经常会和男人发生不愉快的"邂逅"。

我清楚地记得第一次在桑拿房遭到性骚扰的情景。一个男人挡住我的去路，脱掉裹在下身的浴巾，问我能不能吻他，我注意到他"傲人的"尺寸，立刻对此感到无比恶心。事情的结尾是，我在更衣室里给我的好友发短信，问他如何知道要去的桑拿房是不是男女混用的桑拿房，他解释说根本没有这种东西。我不相信他的话。回到家，我想着这些年来，当男人们因为我的青春痘、身材和头发而忽视我时，我到底一直在渴望什么？

当我读到法国女性主义作家维吉尼·德庞特（Virginie Despentes）的《金刚理论》（*King Kong Theory*）一书时，我的脑子里第一次冒出这样的想法：作为女性，你可以刻意寻找那些会激起男性潜在不当行为的地方。比如晚上去公园慢跑；去那些讨厌的商人在喝完三杯可乐后拼命找女人做爱的酒吧；到处刷存在感；以无礼回应无礼。我觉得这个想法很有道理，因为它坦诚地阐述了一个隐秘的观点，即如果女人只是一味回避，那么男人永远不会停止自己的行为，而女性主义是对力量的考验。

实际上我一直去的都是同一家桑拿房，我经常是那里唯一的女性，去这家桑拿房的女性本来就很少，至少我几乎没有看到过女性，想蒸桑拿的女性可能都去了另外一家仅对女性开放的小桑拿房，小到经常一整天都不营业。我开始明白，大多数男人似乎都认为我去混合桑拿浴室是"有原因的"，毕竟还有一个仅对女性开放的桑拿房。在短短的几周时间里，我体验到了大家一起赤身裸体、静静流汗时可能出现的各种细微的不舒服行为。男人们一看到我的乳房就咬嘴唇。我准备走的时候他们会求我留下，在满是空位的情况下，他们会坐到我旁边或者我的正对面。他们想办法和我交谈，问我是否在固定的日子来桑拿，就好像我是绳索街[*]的舞者一样。几周后，当我再次见到那个向我索吻的男人时，我像长途跋涉后终于回到家一样筋疲力尽。他解释说当时问我能不能吻他时并没有恶意，只是觉得我很有魅力。我背过身去，让我惊奇的是，我一点也不感到紧张。我仿佛受过训练，知道如何应对尴尬的沉默。我走进桑拿房，在那个男人向我追来的时候，自信而傲慢地转过身，摇了摇头。有趣的是，这招竟然还真管用！

女性之间最大的分歧之一就是吸引力，我们甚至不必承认这一点，因为如果把它拿到台面上来说，那就太傻了。我们的整个女性生涯都在被贬损、被限制。当我们告诉彼此，我们看起来都很棒、很出色时，我们是认真的，即使我们也知道这并非事实。在很大程度上，"吸引力"是一个武断的概念，那些发明这个概念的人已经掌握了一种奇怪的、咄咄逼人的"走钢丝"行为，即要求忽略在

---

[*] 绳索街（Reeperbahn），位于德国汉堡，德国最大的红灯区，有脱衣舞俱乐部、性商店、性博物馆等。

建立吸引力方面所付出的努力。

在大多数情况下,我们一眼就能看出100个女人中最漂亮的10个是谁。我们知道这一点,并不是因为我们热衷互相比美,而是因为我们把它当成一种生存策略来学习。女性最后的堡垒之一是贬损比自己更有魅力的女性,这种贬损缘于对这些女性的嫉妒、绝望和不信任。因为我们知道,如果有吸引力的女人用心去做某件事,她们会比没有吸引力的女生轻松很多。

我的亲身经历告诉我,到了20岁出头的时候,我们通常已经被洗脑了,所以可能会"羡慕"他人遭遇的性骚扰。现在我知道,当你把这种性骚扰愚蠢地误解为一种"关注"时,你会感到无聊和不适。一方面,你发现任何身份都不能保护你免受伤害。要知道,在某些情况下,被强奸的风险是一样的,丑陋并不会让你免遭性暴力,因为强奸不是出于性欲,而是出于仇恨和羞辱的欲望。当你意识到周围的男人已经注意到你、上下打量你,然后决定对你视而不见,因为他们认为其他女人更值得骚扰时,美貌也不能保护你免受这种不愉快的感觉。

我现在意识到,我长久以来认为的吸引力其实只是一种"好欺负"。一切符合男性心目中美丽化身的女性，都是最好欺负的形象：苗条自律的女人；为了提升外表而投入金钱、时间和精力的女人；尽可能隐藏自身光芒、总是"反射"他人光芒的女人；尽可能不占据更多空间、衣着朴素、不施粉黛的女人。

从20岁到30岁，我一直在努力变美。如今，我觉得自己也能算得上是个美人了，我却觉得自己比以前任何时候都更无趣。我所憧憬的一切都没有发生。男人们还是老样子，严格来说，他们的行为还是老样子，我看到的只是同一种疾病的不同症状而已。我成了那种每时每刻都感觉自己马上要被性骚扰的女性，我带着厌恶和恼怒接受每一个不怀好意的眼神，当男人试图靠近我时，我会移开目光。我声称自己已婚，然后回家无比震惊地告诉我的男朋友，这是我刚才用来摆脱其他男人的借口。我看问题一针见血，在揣摩男人的意图时却十分粗笨，会反思是不是我的方法不够正确。我接受人们认为我傲慢自负，我认为我比实际更值得喜欢，我接受身边的女人偷偷翻白眼，因为她们的想法符合女人的逻辑：你看起来也没那么好，不是每个男人看到你都会舔嘴唇。我根本不在乎这些，我和其他女人一样，但也不尽相同。大多数时候，我真的只想安安静静地蒸桑拿。

写给自己

    我小时候特别迷恋苏格兰短裙,妈妈不得不花好几个小时陪我在 eBay* 上寻找长度合适的裙子,裙子上面的图案也必须是我衣柜里还没有的。尽管经过了仔细测量,但是她为我订购的每条裙子都还存在风险,有的不合身,有的在近距离细看后发现并不是我想要的图案。最糟糕的是,如果裙子稍微有点长,妈妈就不得不花大价钱把裙摆剪裁短一些。如果裙子太宽或太短,她就会挂在网上卖掉,运气好的话,能以买到的价格卖出去。可能是因为我崇拜艾薇儿·拉维尼,她是我能想到的那个年代唯一与苏格兰短裙有关的人。对一个9岁的孩子来说,苏格兰短裙是略显奇怪、让人有点紧张的时尚

---

* 美国线上拍卖及购物网站。——编者注

单品，但也是我至今仍喜欢此类裙子的原因。

在我成长的村子里，有很多令人感动的节日，有的是天主教节日，有的是纯粹让人娱乐的节日。这些节日在不同的地方举行，但总是有啤酒凳、大量的酒精、永远吃不完的肉。其中有一个节日是天主教节日，人们每年都会偷偷上网搜索这个节日的由来，或者从清晨的广播中听一位热心的主播介绍，这些"功课"都是为了让你成为在桥接日*唯一能够正确回答人们到底在庆祝什么的人。庆祝活动在教堂的前院举行，很多人参加聚会的唯一原因就是某个老妇人每年都会端出一些肉丸子给大家吃。人们一边吃着肉丸，一边小声讨论着，当某一天肉丸不再来，又会有谁来提供一些什么样的饭菜，这让大家短暂地感到一丝不安。

在乡村长大的人，会对每一个活动心存感激，因为如果没有活动，这个周末就会在浑浑噩噩中飞逝。因为有这样的节日，我感到了一种只有在孩提时代才会有的莫名的庄严和兴奋。早上，我从衣柜里拿出我最喜欢的苏格兰短裙，小心翼翼地穿

---

* 桥接日：桥接两个节假日中间的工作日。

好，裙摆略高于膝盖，然后穿上小腿袜，长度刚好在裙摆之下。当时我就有一种直觉，时尚是有"比例"的，我特别喜欢这种美学奥秘。在我的脑海里，我看起来和艾薇儿·拉维尼一样，只不过我不是歌星，而是要去教堂前吃肉丸子。当我走上教堂的山坡，走进内院时，周围的环境、邻居、离异的人的前任和现任等等，都在对我进行乡村里再常见不过的点评，一个熟人对我喊道，他多么希望我再长高一点，这样裙子就能再短一点，袜子就能再高一点。

孩子的特殊之处在于，他们相信周围的人，不会从根本上怀疑大人。他们宁可相信比自己年长的人，也不相信自己的感觉。我当时并不知道这个人到底是什么意思，但我还是把他说的话记在了心中，记在了心中存放羞耻的地方。

听到一个成年人说他很期待能看到我没露出来的部分身体，我本能地感觉很奇怪，但我注意到，所有看到这一幕的成年人都没有表现出愤怒，我以为他们的反应是正常的，所以认定自己的感觉是错误的。当时我才9岁，却强迫自己比一帮40多岁的人还要成熟大度。3年后，这个男人醉醺醺地抓住我的裙子，问我"如果"他更进一步，我有什么想法。我还记得他脸上强作清醒的表情和嘴角得意的笑容。他笑，是因为他为自己的聪明感到高兴，毕竟，他用了一个假设的问法，他问我，"如果"他这么做，我有什么想法，而他已经这么做了。我记得我当时对这件事并没有什么太多感受，但我马上联想到了苏格兰短裙事件，我对苏格兰短裙事件的反应可能纵容了同类事件的发生。当男人向女孩下手时，你不必是个天才作家，就能写出一个好故事。

我害怕成为一个糟糕的成年人。我害怕让身边的小女孩觉得，她们在感到害怕或羞愧时必须为自己辩解；我害怕我无法让她们充分认识到，发生在她们身上的一切都会以同样的方式发生在所有女孩身上，可能程度、情节、想法上略有差别，但都同样痛苦。

我知道，女孩的羞耻感是无穷无尽的，我的整个青春期基本上是在羞耻中度过的，这本书讲的也都是羞耻。为身体感到羞耻，为初恋感到羞耻，为我已成为的女人而不是我本该成为的女人感到羞耻。我相信，羞耻是驯服年轻女性最重要的工具。

我写这本书只是为了证明这样一个事实：年轻女孩羞于启齿的大多数事情都以各种方式发生在大多数年轻女孩身上。因此，严格来说，我们不必有羞耻感。

在我16到17岁之间，我们换了一位新老师，他最喜欢的学生是我。放学和课间休息时，他都会和我聊天，有段时间我们还一起在食堂吃午饭，直到其他老师指出，这样影响不好。不知从什么时候起，他开始在下午给我家打电话，和我聊天，我既沉迷其中，又感到紧张。那之后我才知道，有些供应商会在通话两小时后自动结束通话。因为据电信局的统计，这么长的通话时间很可能是双方都忘记挂断电话了。超过两小时的通话主要是恋人和被诱骗的青少年。当通话被自动结束后，大多数情况下我希望他不要再打来了，因为和他打了两个小时电话，我和成年人的谈话配额已经"完成"了。他一而再，再而三地打来电话。他从未试图吻我，这让我既恼火又轻松。有一次，我们参加了同一个合租房派对，那时我已经18岁了，聚会结束后，我开车送他回家，他拥抱了我几分钟才下车。我的身体都麻木了，他最后走掉了，我对此心怀感激。

青少年时期的大部分时间里，我都在为我的样子和我想成为的样子感到羞耻，为我身体的每一部分、每一种喜好、每一种反应和每一种饥饿感感到羞耻；作为一个女人，我从来没有一天不感到羞耻。

羞耻的人等待着被拯救。这种拯救与秘密知识和慷慨大方有关。你最好的朋友告诉你：你很漂亮、很聪明、很有趣，这还不够；你的母亲告诉你，或者某个人告诉你，也不够。感到羞耻的人崇拜那些知道得更多、做得更多、赚得更多、活得更多的人，也就是比他们更强大的人。不羞耻当然不能保护你不被年长的男人骚扰，但它确实能让你不把年长的、更有权势的男人关注你视为幸福，这其实也算一种自我保护。

几年前，我在离家乡最近的城市弗莱堡举办了一个活动，我以前的两位老师也来了，活动结束后我们一起喝了啤酒，那种畅快痛饮只有在你想向故人表明你没有忘记他们时才会有的。其中一位年纪稍长的老师我一直都很喜欢，因为他对任何教学方法都毫无兴趣，他告诉我，以前经常给我打电话的那个老师每年都会接近一位新的女学生。早些年，他亲口对我说过他终于寻得真爱，而这个所谓的真爱随着暑假的到来就结束了。

他把整件事情告诉我，就像告诉我一件从派对上听来的逸事，在喝两口啤酒的间隙，眨一眨眼睛就说完了，毫无波澜。我紧紧地握着酒杯，等待着内心的某个地方爆发出怒火。但我没有，相反，我只是站在那里，为他没有爱上我而感到羞愧：他没有爱上我是不是因为我不够好？另一位老师也是我很喜欢的老师，他风趣幽默，待人热情，当年我是个古灵精怪、总是犯傻的女孩，他依然觉得我很好。他在和年长的老师说这件事的时候有意无意地点点头，好像这是学校老师之间公开的秘密。

从20岁到25岁，我逐渐接受了这样一个观点，即我与男人的关系不融洽，而这是因为我的初恋不幸福。与其说我身边的每个女人都无一例外地经历过这样的事情，不如说是我身上有一些根本性的问题。在第一次有人接近我之前，在第一次有人把我当作备胎或性伴侣之前，在我第一次躺在那些一来就把我赶走的男人的床上，而我却认为这是正常反应之前，在所有这些事情发生之前，我已经被灌输了很多年这样的想法：我有各种各样的问题，因为女人就是有各种各样的根本性问题。男人的关注成了一种货币，女人可以用这种货币来衡量自己的价值，而区分关注是善意还是恶意则无关紧要。

今天，我再也不会觉得我的青春比其他女人差，我觉得自己和她们中的大多数都有一种亲近感。女人们的人生之路惊人地相似，我相信，在女性遭遇不愉快、感到不舒服、憎恨自己的身体、未被初恋男友善待时，不再认为这一切都是因为自己有什么问题之前，写出这些相似的境遇，会对女性有所帮助。

我的青春时代和其他女人一模一样：我在网上和恋童癖聊过天，因为汤博乐网红而患上进食障碍，少女时期在毫无准备的情况下不小心看到黄片，被年长的男人骚扰。我讨厌自己的肚子，一直到现在。我穿过紧身裤，我丰过唇。

这本书并不想让你知道，谁的青春更好。这本书只是想做几代男人一直在做的事情：将共同的经历存档。这本书不是要让女性不再感到孤独，而是要让女性意识到，她们感到孤独这一事实意味着：讨厌的男人可以更轻松地获得控制她们的权力。如果你认为自己身上有什么根本性的问题，那么当你受到不公的对待时，你绝对不会自信，而是会反思自己。

并非所有女人都让我喜爱，有些女人也会让我厌烦、让我生气，还有一些女人是我认为阴险、卑鄙的。但我喜爱每一个年轻女孩，无一例外。成长的一部分就是收集所有让你变得不快乐的东西，并努力克服它，直到你能够作为一个相当完整的成年人，立足于世。不是每个人都能做到这一点，每个人面临的难度也各不相同，这取决于你需要收集整理多少关于自己童年的东西。对我来说，看到女性在努力就足够了。

当我在大街上看到年轻女孩时，我会想拥抱她，告诉她所有的事情都会过去，无论是已经发生的，还是尚未发生的。我想告诉她，她很特别，而且没有一点不正常之处，她和其他女人完全一样。我想拥抱所有的女孩，当然我从来没有这样做过。可能我真正想拥抱的是童年的自己，但我再也做不到了。于是，我写了这本书。这本书不是写给成年男人的，而是写给年轻女孩的。也许最重要的是，它是写给自己的。

完美的女人

我经常想起我本可以成为的那个女人。现在我担心的是,我想她想得太多了,而对现在的自己却想得不够。不幸的是,当你试图成为一个更好的人时,你会失去部分自我。

我怀念曾经和我做朋友的那些男人,怀念和他们在一起时的轻松自在。我怀念当我意识到自己对这些男人来说不过是一个幻想,是他们朋友圈里的备胎,而且,当他们被卷入男女对立问题时,还能拿我做"反例",证明他们尊重女性。我怀念那种受宠若惊的感觉,我怀念那种"特殊的地位"。这就像怀念放学后的时光一样,尽管我知道,那段时光也并没有今天回忆中那么美好和闪耀。那时的我对自己了解甚少,我怀念那时的自己,单一的人际关系对我来说已经绰绰有余,能向周围的人展示一个精心伪装的自己对我来说已经心满意足。一旦我可以展现自己的真实性格,这个精心伪装的我就成了一个自我投射。我怀念那时的孤独感,就像怀念在没有约会的周末参加一个只想尽快逃离的聚会。

作为女人,我把自己度过的每一天都浪漫化了,尤其是那些并不令人开心的日子。有时我会担心,那时的我更令人兴奋、更令人印象深刻、更令人着迷。至少,那时的我曾努力想成为这样的人。现在,有时候我看到自己小时候的照片就会感动得落泪,因为我知道,这个小女孩还需要付出巨大的努力,才能成为一个令人兴奋、令人印象深刻、令人着迷的人。

我想,少女时期的我一定无法忍受现在的我;我想,她一定会为我变得如此无趣而感到羞愧。少女时期的我会审视我今天的生活,寻找那些对我来说一直无比重要的东西:叔叔、爸爸、男性朋友,甚至是前男友和他们的好哥们对我的认可。她会认为,今天的我比以前更不受欢迎了。少女时期的我还没有意识到,这种新的孤独感是多么生机勃勃啊!我之所以能感受到这种孤独感,是因为我终于和其他女人一样了,我加入了一个新的群体。

作为女人，我在这个世界上生活得越久，就越想加入所有女人的队伍。有很多女人是我不想与她们有任何瓜葛的，我会慷慨地把她们从队伍里剔除：我不喜欢的女人、过着在女性主义眼里应该受到谴责的生活的女人、为了将其个人选择在道德上和女性主义上重新合理化而提出在我看来完全错误观点的女人……但剩下的女人仍然数量庞大。我认识一些阴险卑鄙的女人、一些为了自己的利益而试图伤害我的女人。在过去的几年里，我已经失去了憎恶她们的能力，至少，失去了部分憎恶她们的能力。在这些女人身上，我看到了自己也曾经历过的东西：一些怀疑、一些痛苦、一些悲伤。我担心，我和她们之间的共同点比我和她们希望的更多。

我也曾是这样的女人。在另一些女人眼中，我是世界上最差劲、最阴险的女人。我曾和一群男人坐在餐厅的桌边，享受着他们的关注，让其他桌的女人嫉妒得发狂。我曾是一个为了讨好男人而去听乐队演奏或看体育比赛的女人，而此时此刻，当时那个男人已经对我没有一丝一毫的兴趣。我曾经很可怜、很渺小，我曾经太自负、太高估自己，让自己出丑。我曾无数次拼命地想和其他女人不一样，却不想知道自己到底为什么会觉得和其他女人不一样是很好的。我不再憎恨这一切,也不再憎恨其他女人。这样的感觉很好,当你第一次体会到它时,会觉得它太平静、太刻意、太和谐了,就像渴望了几个月的没有任何安排的自由周末。起初,你不知道该如何打发突然多出来的时间。然后,你想到了一些可以做的事情。

感谢我的编辑莫娜·朗和出版商克里斯汀·格雷芭一直以来的支持；

感谢我的经纪人安娜·迈尔林和玛丽·露·哈夫纳；

感谢我的姐妹汉娜·哈特根斯、沙拉·哈特根斯、伊莎贝拉·蒂德、史蒂菲·基波尔；

感谢卡斯塔·玛丽亚·穆勒、聚乐·罗伯和索菲·吕迪格的友谊；

感谢蕾奥妮·布里尔的爱和才华；

感谢我的心理治疗师和10年前的自己。

我和她们不一样

[德] 索菲·帕斯曼 著

李寒笑 译

图书在版编目(CIP)数据

我和她们不一样 / (德) 索菲·帕斯曼著; 李寒笑译. -- 北京: 北京联合出版公司, 2025.5. -- ISBN 978-7-5596-8440-0

Ⅰ. B848.4-49

中国国家版本馆 CIP 数据核字第 2025U46S05 号

Pick Me Girls
by Sophie Passmann

Copyright © 2023, Verlag Kiepenheuer & Witsch GmbH & Co. KG Cologne/Germany.
Simplified Chinese edition copyright @ 2025 United Sky (Beijing) New Media Co., Ltd.
All rights reserved.

北京市版权局著作权合同登记 图字: 01-2025-1703 号

出 品 人	赵红仕
选题策划	联合天际·T 工作室
责任编辑	李艳芬
特约编辑	靳佳奇
美术编辑	程 阁
封面设计	汐和 几迟 at compus studio

出 版	北京联合出版公司 北京市西城区德外大街 83 号楼 9 层 100088
发 行	未读(天津)文化传媒有限公司
印 刷	河北鹏润印刷有限公司
经 销	新华书店
字 数	94 千字
开 本	787 毫米 × 1092 毫米 1/32 6.5 印张
版 次	2025 年 5 月第 1 版 2025 年 5 月第 1 次印刷
ISBN	978-7-5596-8440-0
定 价	68.00 元

关注未读好书

客服咨询

本书若有质量问题,请与本公司图书销售中心联系调换
电话: (010) 52435752

未经书面许可,不得以任何方式转载、复制、翻印本书部分或全部内容
版权所有,侵权必究